Peter Westphal

Signalübertragung analoger Schaltungen

Schwerpunkt: Operationsverstärkerschaltungen

Mit 138 Abbildungen

Dr. rer. nat. **Peter Westphal**, Jahrgang 1965, ist Entwicklungsprojektleiter in einem Hochtechnologie-Industrieunternehmen. Er hat an der RWTH Aachen Elektrotechnik studiert und an der WWU Münster in der Experimentalphysik promoviert. Einer seiner Arbeitsschwerpunkte liegt in der Detektion sehr kleiner (optischer) Signale, wobei häufig Operationsverstärker und Fotodioden zum Einsatz kommen.

Bibliografische Information der Deutschen Nationalbibliothek:
Die Deutsche Nationalbibliothek verzeichnet diese Publikation in der Deutschen Nationalbibliografie; detaillierte bibliografische Daten sind im Internet über http://dnb.d-nb.de abrufbar.

Herstellung und Verlag: BoD - Books on Demand, Norderstedt
ISBN-13: 9783837061154

Vorwort

Dies ist eine überarbeitete Neuauflage des Buches *Übertragungsverhalten analoger Schaltungen*, das ursprünglich im Verlag B. G. Teubner Stuttgart erschienen ist. Um die Bibliothekare nicht in die Verzweifelung zu treiben, sei hier angemerkt, dass der Autor in der Zwischenzeit seinen Nachnamen geändert hat. Gründlich überarbeitet wurde vor allem Kapitel 19, welches sich mit zwei Operationsverstärkerschaltungen befaßt. Ergänzungen hat unter anderem Kapitel 20 erfahren, das ausführlich den häufig als Fotodioden-Verstärker verwendeten Transimpedanz-Wandler beschreibt.

Dieses Buch ist aus der Notwendigkeit heraus entstanden, das frequenzabhängige und zeitliche Übertragungsverhalten des Strom/Spannungs-Wandlers mit Fotodiode zu bestimmen. Es stellte sich heraus, daß keine Literatur erhältlich war, die die Vorgehensweise zur Analyse aktiver Analogschaltungen geschlossen darstellt. Oft findet man zwar die Ergebnisse von Schaltungsanalysen, jedoch keinen Hinweis darauf, wie man zu diesen Ergebnissen gelangt. Nur wenige anwendungsorientierte Bücher widmen der eleganten Beschreibung elektronischer Analogschaltungen mit komplexen Widerständen einige Seiten, wobei als Beispiele fast ausschließlich sehr einfache passive Schaltungen aufgeführt werden. Andere Bücher wiederum behandeln die Analyse elektrischer Netzwerke oder die Anwendung der Laplace-Transformation aus rein akademischer Sicht. Da diese Bücher meist aus Vorlesungsskripten entstanden sind, steht dabei naturgemäß die Praxisrelevanz nicht im Vordergrund. Wie so oft mangelt es auch hier an einer Darstellung wissenschaftlich längst etablierter Erkenntnisse, die nicht auf Allgemeingültigkeit, sondern auf Verständlichkeit und Anwendbarkeit abzielt.

Das vorliegende Buch soll diese Lücke schließen. Es liefert eine Anleitung, wie passive *und* aktive Analogschaltungen einfach und systematisch analysiert werden können. Angesprochen sind sowohl Studenten der naturwissenschaftlich-technischen Fächer als auch alle Praktiker, die sich mit der Analogelektronik beschäftigen.

Die einleitenden Kapitel stellen das mathematische Werkzeug vor, wobei der Leser nur mit den für die Schaltungsanalyse unbedingt notwendigen Dingen konfrontiert wird. Die Verwendung komplexer Zahlen und der Laplace-Transformation ist dabei unumgänglich, was aber nicht abschrecken sollte. Auf Differential- und Integralrechnung kann vollständig verzichtet werden, dies ist auch der eigentliche Vorteil des Analyseverfahrens. Anhand des passiven Tiefpasses 1. Ordnung wird eine Musteranalyse durchgeführt, die in ähnlicher Weise auch bei den anderen Schaltungen zur Anwendung kommt. Das Ergebnis der Berechnungen ist jeweils die analytische Angabe von Amplitudengang, Phasengang und Puls- oder Sprungantwort. Diese frequenz- bzw. zeitabhängigen Funktionen werden – nach dem Einsetzen gängiger Bauteilewerte – für jede Schaltung grafisch dargestellt, um das Übertragungsverhalten zu veranschaulichen. Je nach Schaltungstyp kommen weitere Berechnungen, wie z. B. von Grenz- oder Resonanzfrequenz, hinzu. Es wurde versucht, ein breites Spektrum von linearen Schaltungen abzudecken, so daß möglichst viele verschiedene elektronische Problemstellungen erfaßt werden. Um einen Wiedererkennungseffekt hervorzurufen, erfolgt die Analyse aller Schaltungen gemäß einem einheitlichen Schema.

Nach Behandlung der wichtigsten passiven Grundschaltungen stehen die häufig verwendeten Operationsverstärker-Schaltungen im Mittelpunkt, wobei insbesondere das frequenzabhängige Übertragungsverhalten des Operationsverstärkers Berücksichtigung findet.

In bezug auf die behandelten Schaltungen kann das Buch als Nachschlagewerk verwendet werden. Ohne weiteres kann der Leser das vorgestellte Analyseverfahren aber auch auf eigene Schaltungen anwenden.

Obwohl alle Analysen mit numerischen Verfahren und zum Teil anhand von Messungen überprüft wurden, sind Fehler nie auszuschließen, der Autor wäre für diesbezügliche Hinweise dankbar.

Jena, 2008 Peter Westphal

Inhaltsverzeichnis

Verwendete Symbole

Symbol		Bedeutung	Einheit
j	=	$\sqrt{-1}$ = imaginäre Einheit	
R	=	ohmscher Widerstand	$[\Omega]$
C	=	Kondensator = Kapazität	$[F]$
L	=	Spule = Induktivität	$[H]$
X_C	=	$\frac{1}{j\omega C}$ = komplexer, kapazitiver Blindwiderstand	$[-j\Omega]$
X_L	=	$j\omega L$ = komplexer, induktiver Blindwiderstand	$[j\Omega]$
Z	=	$\lvert Z\rvert \cdot e^{j\phi}$ = komplexe(r) Widerstand/Impedanz	$[\Omega \pm j\Omega]$
$\lvert Z\rvert$	=	Scheinwiderstand/Impedanz	$[\Omega]$
ϕ	=	Phasenwinkel einer komplexen Größe	$[^o]$
U	=	$U(\omega)$ = komplexe Spannung	$[V \pm jV]$
I	=	$I(\omega)$ = komplexer Strom	$[A \pm jA]$
$U(t)$	=	zeitliche Spannung	$[V]$
$I(t)$	=	zeitlicher Strom	$[A]$
$G(\omega)$	=	komplexe Übertragungsfunktion	$[1 \pm j]$
$\lvert G(\omega)\rvert$	=	Amplitudengang	$[1]$
$\phi(\omega)$	=	Phasengang	$[^o]$
$V(\omega)$	=	komplexe OPV-Übertragungsfunktion	$[1-j]$
V_0	=	OPV-Gleichspannungsverstärkung	$[1]$
f	=	Schwingfrequenz	$[Hz]$
ω	=	$2\pi f$ = Kreisfrequenz	$[s^{-1}]$
f_t, ω_t	=	OPV-Transitfrequenz	$[Hz], [s^{-1}]$
f_g, ω_g	=	$-3\,dB$-Grenzfrequenz	$[Hz], [s^{-1}]$
f_r, ω_r	=	Resonanzfrequenz	$[Hz], [s^{-1}]$
$\delta(t)$	=	Impulsfunktion	$[s^{-1}]$
$\sigma(t)$	=	Sprungfunktion	$[1]$

Merke:

(Blind-)Widerstand ist (nicht) zwecklos!

1 Einleitung

Mit Hilfe eines Funktionsgenerators und eines Oszilloskops kann das Übertragungsverhalten einer analogen Schaltung experimentell bestimmt werden. Dazu muß jedoch die komplett aufgebaute Schaltung zuerst vorliegen. Darüber hinaus ist für jede Änderung der elektrischen Eigenschaften ein Lötkolben zur Hand zu nehmen, um die entsprechenden Bauteile auszuwechseln, wenn diese nicht variabel sind.
Zwar gibt es inzwischen (teure) Computerprogramme, mit denen Schaltungsanalysen numerisch durchgeführt werden können, doch derartige Analysen gelten immer nur für eine bestimmte Kombination von Bauteilewerten. Die Vorgehensweise in diesem Buch hat neben der Angabe von analytischen Lösungen den Vorteil, daß sie ein viel weitreichenderes Verständnis für die physikalisch-technischen Vorgänge vermittelt.
An dieser Stelle muß erwähnt werden, daß das Analyseverfahren auf der Lösung von *linearen* Gleichungen beruht. Das bedeutet, die Eigenschaften der Bauteile dürfen nicht von den Spannungs- oder Stromamplituden in der Schaltung abhängen. Für ohmsche Widerstände (R), Spulen (L) und Kondensatoren (C) ist diese Annahme in der Regel gerechtfertigt. Geht man von idealisierten Bauteilen aus, so lassen sich RLC-Netzwerke mittels linearer Gleichungen perfekt beschreiben. Aber auch Operationsverstärker (OPV) erfüllen die genannte Bedingung in weiten Grenzen, weshalb das Analyseverfahren ebenfalls hervorragend für OPV-Schaltungen geeignet ist. Problematisch wird es hingegen bei nichtlinearen Halbleiterbauelementen (Dioden und Transistoren), in Kapitel 23 wird dieser Sachverhalt erläutert.

Es soll nun gezeigt werden, wie anhand des Schaltbilds das Übertragungsverhalten einer linearen Schaltung ermittelt werden kann. Zuerst wird dabei immer die Frequenzabhängigkeit der Übertragung bestimmt. Als zweiter Schritt folgt die Berechnung eines zeitlichen Ausgangssignals (Puls- oder Sprungantwort), wie es auf einem Oszilloskop erscheinen würde. Kapitel 2 vermittelt die notwendigen Kenntnisse zu komplexen Zahlen, linearen Gleichungssystemen und der Arcustangens-Funktion. Bei entsprechenden mathematischen Vorkenntnissen kann dieses Kapitel übergangen werden. Ka-

pitel 3 widmet sich den Kirchhoffschen Sätzen (Knoten- und Maschenregel), mit denen eine Schaltung anhand eines linearen Gleichungssystems zu beschreiben ist. In Kapitel 4 wird demonstriert, wie sich Spulen und Kondensatoren als komplexe Widerstände behandeln lassen. Die Bildung von komplexen Übertragungsfunktionen ist eng mit Kapitel 3 verknüpft, wird aber in Kapitel 5 gesondert behandelt.
Mit dem bis dahin vorgestellten Wissen können die Amplituden- und Phasengänge passiver Schaltungen berechnet werden (Kapitel 6). Um auch das zeitliche Übertragungsverhalten der Schaltungen berechnen zu können, wird die Laplace-Transformation benötigt (Kapitel 7). Es ist dabei keineswegs notwendig, die Transformation bzw. die Rücktransformation explizit durchzuführen; vielmehr genügt es, auf tabellierte Korrespondenzen zurückzugreifen.
In Kapitel 8 finden schließlich alle Erkenntnisse der vorausgegangenen Kapitel Anwendung, um in einer Musteranalyse das komplette Übertragungsverhalten eines passiven Tiefpasses 1. Ordnung zu ermitteln. Die Analyse weiterer passiver Schaltungen erfolgt in komprimierter Form in den Kapiteln 9 bis 12.
Daß sich auch Operationsverstärker problemlos in das Analyseverfahren einbeziehen lassen, zeigt Kapitel 13. In den Kapiteln 14 bis 22 wird die Analyse zahlreicher, gebräuchlicher OPV-Schaltungen durchgeführt. Bei einigen dieser Schaltungen wäre die Annahme eines idealen OPVs äußerst unzureichend, da der reale OPV ein ausgeprägtes Tiefpaß-Verhalten aufweist. In solchen Fällen wird eine geeignete OPV-Übertragungsfunktion in die Analyse eingebunden. Die idealisierte Gesamtübertragungsfunktion der Schaltung wird jedoch als Näherung stets mit angegeben.

Bei fast allen behandelten Schaltungen erfolgt die Angabe des vollständigen Lösungswegs. Die Lösungen selber heben sich durch Umrandungen von den Herleitungen ab, sie sind dadurch beim schnellen Nachschlagen leichter zu finden. In den einleitenden Kapiteln sind alle grundlegenden Gleichungen, die bei den späteren Analysen verwendet werden, umrandet.

2 Mathematische Grundlagen

2.1 Komplexe Zahlen

Da *komplexe Zahlen* die Basis für den größten Teil der Analysen in diesem Buch darstellen, wird ihre Anwendung und ihr Zweck jetzt so ausführlich wie nötig beschrieben. Zunächst werden die allgemeinen Schreibweisen einer komplexen Zahl vorgestellt:

$$\underline{z} = x + jy \quad (Komponentenschreibweise) \tag{2.1}$$

$$\underline{z} = |z| \cdot e^{j\phi} \quad (Exponentialschreibweise) \tag{2.2}$$

Die beiden Schreibweisen sind völlig äquivalent, wobei folgende Beziehungen gelten:

$$|z| = |\underline{z}| = \sqrt{x^2 + y^2}\,, \qquad \phi = arctan\left(\frac{y}{x}\right) \tag{2.3}$$

Bei $x, y, |z|$ und ϕ handelt es sich um 'normale' reelle Zahlen. Komplexe Zahlen werden zur Unterscheidung oft durch untergesetzte, waagerechte Striche gekennzeichnet. Wenn später überwiegend mit komplexen Zahlen gerechnet wird, entfällt der Strich aus Gründen der Übersichtlichkeit. Aus dem Zusammenhang wird sich ergeben, ob die Zahlen komplex oder reell sind. Die reellen Beträge komplexer Zahlen werden durch Betragsstriche gekennzeichnet ($|z|$).

Bei den obigen Gleichungen bezeichnet man die Schreibweise als algebraisch, da statt konkreter Zahlen zunächst Buchstaben verwendet werden. Die Buchstaben haben im einzelnen folgende Bedeutungen:

$\underline{z}$ = komplexe Zahl (auch: komplexe Größe)
x = Realteil von $\underline{z}$ = $Re\{\underline{z}\}$
y = Imaginärteil von $\underline{z}$ = $Im\{\underline{z}\}$
j = $\sqrt{-1}$ = imaginäre Einheit
ϕ = Phasenwinkel (oder Phase) von $\underline{z}$
$|z|$ = Betrag von $\underline{z}$

Der Zweck, komplexe Zahlen einzuführen ist es, zwei Informationen in *einer* Zahl unterzubringen, wobei diese Zahl dann weitgehend entsprechend den (für reelle Zahlen) üblichen Rechenregeln behandelt werden kann. Bei den beiden Informationen handelt es sich um den Betrag $|z|$ und den Phasenwinkel ϕ. In Kapitel 4 wird deutlich werden, warum diese mathematische Konstruktion für die Elektrotechnik so äußerst nützlich ist.
Sehr hilfreich für die Veranschaulichung komplexer Zahlen ist ihre grafische Darstellung in der *komplexen Zahlenebene*:

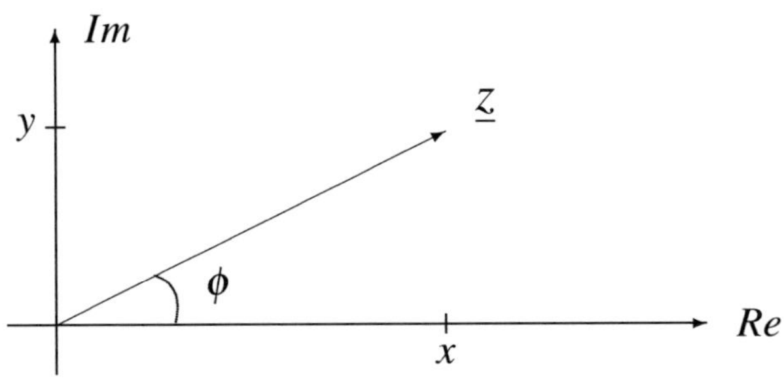

Abbildung 2.1: Komplexe Zahlenebene

Die Zahl $\underline{z}$ wird durch einen Punkt in der Zahlenebene repräsentiert, dabei sind x und y die Koordinaten des Punktes. In dieser Darstellung entspricht die Länge des *Zeigers* (zum Punkt $\underline{z}$) dem Betrag von $\underline{z}$ und der Winkel ϕ der Phase von $\underline{z}$.
Wenn $\underline{z}$ in der Komponentenschreibweise vorliegt, lassen sich $|z|$ und ϕ durch die Gln. (2.3) leicht berechnen. Für die Exponentialschreibweise existiert eine wichtige Gleichung (*Eulersche Formel*), die im Anhang aufgeführt ist. In diesem Buch wird jedoch im weiteren ausschließlich die Komponentenschreibweise verwendet.

Die *imaginäre Einheit j* ist nur eine mathematische Hilfsgröße mit folgenden Eigenschaften:

$$\frac{1}{j} = -j \qquad und \qquad j^2 = -1 \tag{2.4}$$

Wenn man diese beiden Regeln beachtet, ist mit komplexen Zahlen genauso zu rechnen wie mit reellen Zahlen. Von praktischem Interesse sind letztlich immer nur Betrag und Phase einer komplexen Größe. Bei der Berechnung dieser beiden Werte durch die Gln. (2.3) verschwindet j automatisch. In der Mathematik und Physik verwendet man übrigens statt j den Buchstaben i, welcher in der Elektrotechnik für die Bezeichnung von Strömen reserviert ist.
Falls sich der Leser bisher nicht mit komplexen Zahlen beschäftigt hatte, wird sich bei ihm jetzt ein gewisses Gewöhnungsbedürfnis eingestellt haben. Es sei ihm aber versichert, daß es sich lohnt, den Umgang mit komplexen Zahlen zu beherrschen. Bei der Anwendung auf elektrische Spannungen und Ströme wird ihre enorme Nützlichkeit deutlich werden.

Es folgt jetzt noch eine Erweiterung, nämlich die Einbeziehung dynamischen Verhaltens in eine komplexe Größe. Das heißt, es soll mathematisch berücksichtigt werden, daß sich Real- und Imaginärteil zeitlich ändern. Die Änderungen erfolgen sinus- bzw. cosinusförmig, wodurch sich folgende Schreibweise ergibt:

$$x = |z|\; cos(\omega t)\;, \qquad y = |z|\; sin(\omega t)$$

$$\Rightarrow \quad \underline{z}(\omega, t) = |z|\; cos(\omega t) \;+\; j\; |z|\; sin(\omega t) \tag{2.5}$$

Dabei ist t die Zeit und ω die Kreisfrequenz. Zwischen Kreisfrequenz ω und Schwingungsfrequenz f besteht folgender Zusammenhang:

$$\boxed{\omega = 2\pi f} \tag{2.6}$$

Einheit von ω : $[s^{-1}]$
Einheit von f : $[Hertz] = [Hz] = [Schwingungen/Sekunde]$

Um das ständige Mitführen des Faktors 2π zu vermeiden, sollten zunächst alle Berechnungen mit ω durchgeführt werden, in den endgültigen Formeln kann dann ω gemäß Gl. (2.6) durch die anschaulichere Größe f ersetzt werden.

Daß $\underline{z}(\omega,t)$ zeitabhängig ist, hat auf die Betragsbildung keinen Einfluß:

$$|\underline{z}(\omega,t)| = |z| = Amplitude = konstant$$

Die Zeitabhängigkeit steckt im Phasenwinkel:

$$\phi(\omega,t) = arctan\left(\frac{y(\omega,t)}{x(\omega,t)}\right)$$

In der komplexen Zahlenebene (siehe Abb. 2.1) wird $\underline{z}(\omega,t)$ durch einen Zeiger konstanter Länge, der gegen den Uhrzeigersinn rotiert, repräsentiert. Sinusförmige Wechselspannungen und -ströme lassen sich entsprechend der Gl. (2.5) beschreiben. Es wäre nun etwas umständlich, jedesmal die volle Schreibweise anzuwenden, daher wird folgende Kurzschreibweise benutzt:

$$Wechselspannung: \quad \underline{U}(\omega,t) \quad \rightarrow \quad U(\omega) \text{ oder } U$$

$$Wechselströme: \quad \underline{I}(\omega,t) \quad \rightarrow \quad I(\omega) \text{ oder } I$$

In Erinnerung behält man aber immer, daß es sich um komplexe *und* zeitabhängige Größen handelt.
Die in diesem Buch verwendeten komplexen *Widerstände* sind hingegen nicht zeitabhängig; die Schreibweise wird sein:

$$Widerstände: \quad \underline{Z}(\omega) \quad \rightarrow \quad Z(\omega) \text{ oder } Z$$

2.2 Lineare Gleichungssysteme

Bei der Analyse von elektrischen Netzwerken kommen die Maschen- und die Knotenregel (siehe Kapitel 3) zur Anwendung. Dabei werden immer mehrere lineare Gleichungen aufgestellt, in denen Spannungen und/oder Ströme die Variablen sind. Um ein derartiges System aus linearen Gleichungen eindeutig lösen zu können, müssen genauso viele (linear unabhängige) Gleichungen vorliegen, wie *Unbekannte* (Variablen) existieren.
Anhand eines Beispiels soll gezeigt werden, auf welche Weise lineare Gleichungssysteme gelöst werden können (*Gauß-Algorithmus*).

$$\begin{array}{lrcrcrcr} Gl.\,I: & 2x_1 & + & x_2 & + & 3x_3 & = & 9 \\ Gl.\,II: & x_1 & - & 2x_2 & + & x_3 & = & -2 \\ Gl.\,III: & 3x_1 & + & 2x_2 & + & 2x_3 & = & 7 \end{array}$$

Da das obige Gleichungssystem aus drei Gleichungen besteht und drei Unbekannte (x_1, x_2, x_3) besitzt, ist es eindeutig lösbar (d. h. jeder Unbekannten wird nur *ein* Wert zugeordnet), falls es überhaupt lösbar ist.
Als *linear* bezeichnet man ein Gleichungssystem, wenn alle Variablen mit der Potenz 1 auftreten. Enthielte beispielsweise *Gl. I* ein 'x_1^2', so wäre das gesamte Gleichungssystem nicht mehr linear und daher nicht eindeutig lösbar. Aus Gründen der Übersichtlichkeit wird das Gleichungssystem zunächst in die Matrizen-Schreibweise überführt:

Gl.	x_1	x_2	x_3	*rechte Seite*
I	2	1	3	9
II	1	−2	1	−2
III	3	2	2	7

Den aus neun Zahlen bestehenden Block bezeichnet man als *Koeffizienten-Matrix*. Diese Matrix ist nun in die sogenannte *Dreiecksgestalt* umzuwandeln. Dazu müssen in diesem Fall der erste Koeffizient von *Gl. II* und die beiden ersten Koeffizienten von *Gl. III* zu Null werden. Drei Manipulationsmöglichkeiten stehen für die Umwandlung der Gleichungen zur Verfügung:

- ▷ Multiplikation einer Gleichung mit einer reellen Zahl ($\neq 0$)
- ▷ Addition eines Vielfachen einer Gleichung zu einer anderen Gleichung
- ▷ Vertauschen zweier Gleichungen des Systems

Die *rechte Seite* ist bei diesen Manipulationen stets einzubeziehen. Anhand der römischen Ziffern wird gezeigt, welche Manipulationen jeweils durchgeführt werden.

$$2 \cdot II - I \longrightarrow II \quad \text{und} \quad III - 3 \cdot II \longrightarrow III$$

Gl.	x_1	x_2	x_3	*rechte Seite*
I	2	1	3	9
II	0	−5	−1	−13
III	0	8	−1	13

Wie zu sehen ist, muß nur noch der zweite Koeffizient in *Gl. III* zu Null werden; das erreicht man durch:

$$5 \cdot III + 8 \cdot II \longrightarrow III$$

Gl.	x_1	x_2	x_3	*rechte Seite*
I	2	1	3	9
II	0	−5	−1	−13
III	0	0	−13	−39

Die Koeffizienten-Matrix hat jetzt Dreiecksgestalt, wodurch das Gleichungssystem im Prinzip gelöst ist. Denn *Gl. III* liefert unmittelbar den Wert von x_3, welcher in *Gl. II* eingesetzt wird. Daraus erhält man den Wert von x_2. Die Werte von x_2 und x_3 werden in *Gl. I* eingesetzt, was dann den Wert von x_1 ergibt:

$$\begin{array}{lrcrcrcrcl} Gl.\,III: & & & & - & 13x_3 & = & -39 & \Rightarrow & x_3 = 3 \\ Gl.\,II: & & - & 5x_2 & - & x_3 & = & -13 & \Rightarrow & x_2 = 2 \\ Gl.\,I: & 2x_1 & + & x_2 & + & 3x_3 & = & 9 & \Rightarrow & x_1 = -1 \end{array}$$

Die Koeffizienten können natürlich auch algebraisch (als Buchstaben) vorliegen, dann besteht die Lösung aus Termen, die aus den Koeffizienten zusammengesetzt sind. Dies wird in Kapitel 3 der Fall sein, wo das obige Verfahren auf ein einfaches elektrisches Netzwerk angewendet wird.

Ein anderes, sehr systematisches Verfahren zur Lösung linearer Gleichungssysteme ist die *Cramersche Regel*, welche im Gegensatz zum Gauß-Algorithmus nur auf eindeutig lösbare Systeme anwendbar ist. (Das stellt hier keine Einschränkung dar, weil lineare – also die Frequenz nicht verändernde – elektrische Netzwerke nur *einen* stationären Zustand annehmen können, d. h. es gibt auch mathematisch nur eine Lösung für das entsprechende Gleichungssystem.) Die Cramersche Regel wird hier nicht näher erläutert, da der Gauß-Algorithmus bei etwas Übung schneller zum Ziel führt.

2.3 Komplexe Berechnungen; Sprungfunktion

3. Binomische Formel

Die normale Form $(a+b)(a-b) = a^2 - b^2$ ist jedem geläufig. Wenn b jedoch der Imaginärteil einer komplexen Zahl ist, resultiert daraus (a, b reell):

$$(a+jb)(a-jb) = a^2 + b^2 \quad , \text{ da: } \; j^2 = -1$$

Diese Formel kann verwendet werden, um einen komplexen Nenner in einen reellen umzuwandeln, wodurch der zugehörige Bruch in Real- und Imaginärteil zerlegt werden kann.

Komplexe Konjugation

Eine Zahl wird dadurch *komplex konjugiert*, daß man ihren Imaginärteil mit dem entgegengesetzten Vorzeichen versieht. Durch einen Stern wird die komplexe Konjugation kenntlich gemacht (a, b reell):

$$(a+jb)^* = a - jb \qquad \text{oder} \qquad (a-jb)^* = a + jb$$

Multiplikation und Division komplexer Zahlen

$$\underline{z_1} \cdot \underline{z_2} = r_1 \cdot r_2 \cdot e^{j(\phi_1+\phi_2)} \qquad \Rightarrow \qquad |\underline{z_1} \cdot \underline{z_2}| = |\underline{z_1}| \cdot |\underline{z_2}| = r_1 \cdot r_2$$

$$\frac{\underline{z_1}}{\underline{z_2}} = \frac{r_1}{r_2} \cdot e^{j(\phi_1-\phi_2)} \qquad \Rightarrow \qquad \left|\frac{\underline{z_1}}{\underline{z_2}}\right| = \frac{|\underline{z_1}|}{|\underline{z_2}|} = \frac{r_1}{r_2}$$

Betragsbildung bei komplexem Nenner

Die komplexe Größe G liege in der folgenden Form vor (a, b, c reell):

$$G = \frac{c}{a \pm jb} \qquad \text{oder} \qquad G = \frac{jc}{a \pm jb}$$

Wegen der obigen Divisionsregel lautet $|G|$ in beiden Fällen:

$$|G| = \frac{|c|}{\sqrt{a^2+b^2}}$$

Sprung- und Signum-Funktion

Zur mathematischen Beschreibung von Phasengängen und Pulsantworten wird die *Sprungfunktion* $\sigma(x-x_0)$ benötigt.

$\sigma(x-x_0) \quad =$

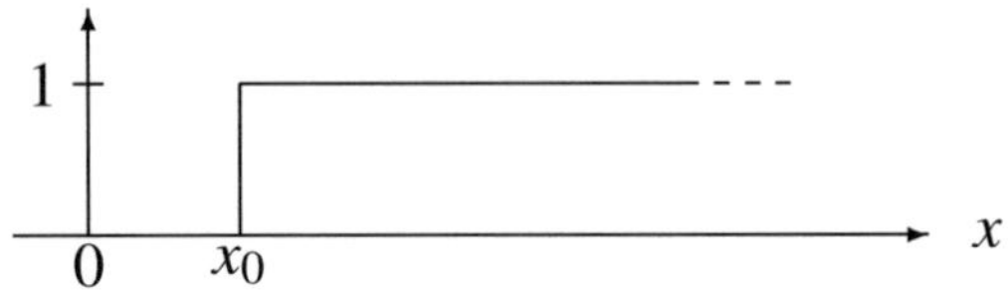

Programmiersprachen und Plotprogramme (zur grafischen Darstellung von Funktionen) verfügen in der Regel nicht direkt über die Sprungfunktion. Oft steht aber die sogenannte *Signum-Funktion* (*sgn*) zur Verfügung:

$sgn(x-x_0) \quad =$

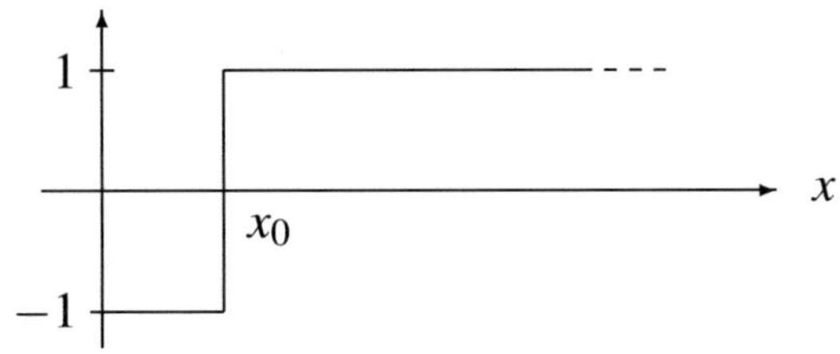

Aus der Signum-Funktion läßt sich leicht die Sprungfunktion herstellen:

$$\sigma(x-x_0) = \frac{1}{2}\left(sgn(x-x_0)+1\right) \tag{2.7}$$

2.4 Die Arcustangens-Funktion

Die komplexe Zahlenebene (Abb. 2.2) verdeutlicht die Geometrie.

Die Arcustangens-Funktion (*arctan*) ist die *Umkehrfunktion* der Tangens-Funktion (*tan*), daher wird zunächst letztere erläutert. Die beiden Funktionen sind in den Abbildungen 2.3 und 2.4 dargestellt. Der Zeiger $\underline{z}$ schließt mit der Re-Achse den Winkel ϕ ein.

Es gilt die Beziehung: $$\frac{y}{x} = tan(\phi) = \frac{sin(\phi)}{cos(\phi)} \tag{2.8}$$

Wie alle trigonometrischen Funktionen ist auch $tan(\phi)$ eine periodische

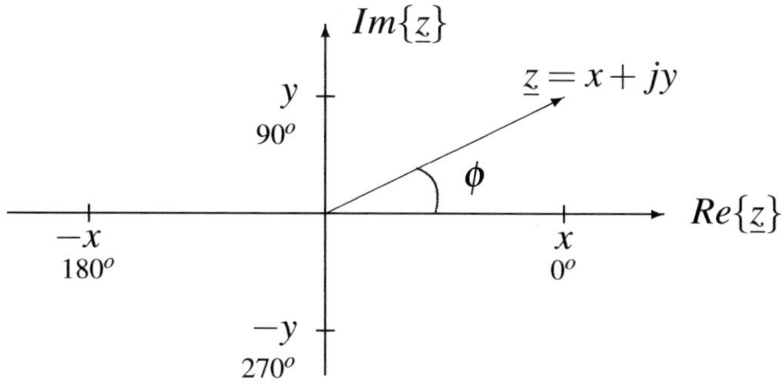

Abbildung 2.2: Komplexe Zahlenebene mit Zeiger

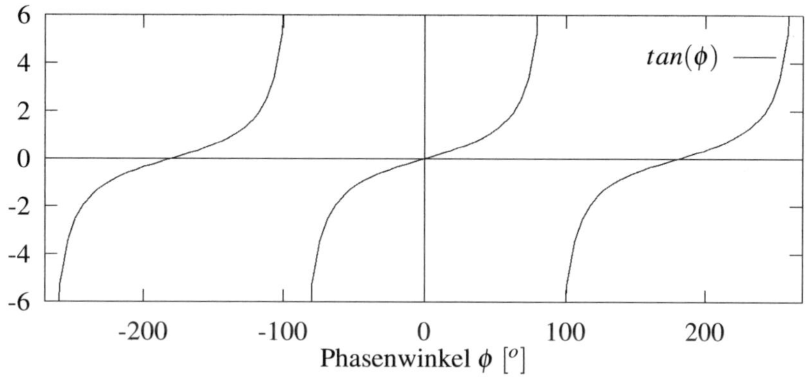

Abbildung 2.3: Die Tangens-Funktion

Funktion, was sich in der folgenden Gleichung niederschlägt:

$$tan(\phi) = tan(\phi \pm n \cdot 180^o) \;, \quad n = 0, 1, 2, \ldots \tag{2.9}$$

Diese Periodizität (oder Mehrdeutigkeit) ist in Abb. 2.3 zu sehen. Durch die Umkehrfunktion $arctan(\ldots)$ kann der Winkel ϕ wiedergewonnen werden:

$$arctan(tan(\phi)) = arctan\left(\frac{y}{x}\right) = \phi \tag{2.10}$$

Allerdings wirft die Mehrdeutigkeit der *tan*-Funktion ein Problem auf: Bei der Anwendung der *arctan*-Funktion wird nicht berücksichtigt, welchen Zahlenwert n in Gl. (2.9) hatte. Insbesondere weisen die beiden folgenden

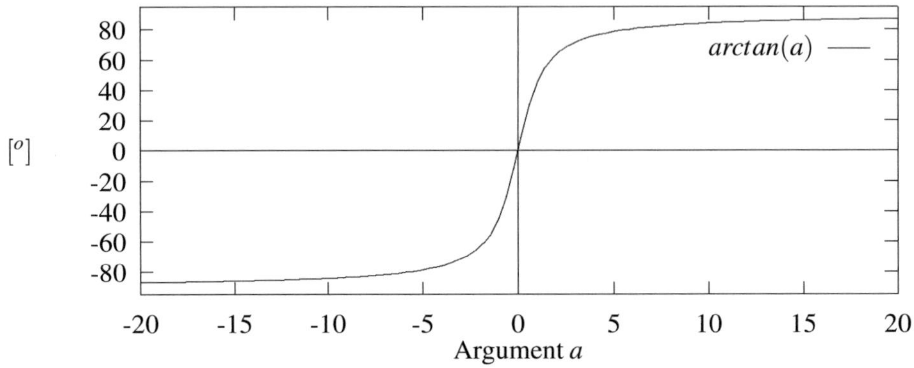

Abbildung 2.4: Die Arcustangens-Funktion

Fälle Doppeldeutigkeiten auf:

$$arctan\left(\frac{y}{x}\right) = arctan\left(\frac{-y}{-x}\right) \tag{2.11}$$

$$arctan\left(\frac{-y}{x}\right) = arctan\left(\frac{y}{-x}\right) \tag{2.12}$$

Anhand der komplexen Zahlenebene ist leicht zu erkennen, daß der Zeiger $\underline{z}$ in vier verschiedene Quadranten zeigen kann; das entspricht vier *verschiedenen* Winkeln ϕ. Bei den Berechnungen durch die Gln. (2.11) und (2.12) liefern aber jeweils zwei Zeigerrichtungen gleiche Ergebnisse, wodurch zwei der Berechnungen den Ursprungswinkel nicht korrekt wiedergeben. Es sind dies die Fälle, in denen x negativ ist. Der Grund für diese Fehlberechnung ist, daß der Wertebereich der *arctan*-Funktion nur das Intervall $[-90^o, +90^o]$ abdeckt (siehe Abb. 2.4).
Durch folgende Korrekturen wird der Fehler behoben:

$$arctan\left(\frac{-y}{-x}\right) \quad \longrightarrow \quad \phi = arctan\left(\frac{y}{x}\right) \pm 180^o \tag{2.13}$$

$$arctan\left(\frac{y}{-x}\right) \quad \longrightarrow \quad \phi = arctan\left(\frac{-y}{x}\right) \pm 180^o \tag{2.14}$$

Das Argument (die Größe, auf welche die *arctan*-Funktion angewendet werden soll) bleibt bei den Korrekturen demnach unverändert; die Korrektur besteht nur aus der Hinzufügung eines Phasensprungs um 180°. Das Vorzeichen ($\pm 180^o$) ist dabei unerheblich, da der Zeiger $\underline{z}$ für beide Vorzeichen in die gleiche Richtung weist (270° entspricht -90°). Phasenverschiebungen um Vielfache von 360° werden bei dieser Betrachtung außer Acht gelassen. Aus der Ursprungssymmetrie der *arctan*-Funktion folgt:

$$arctan(-x) \;=\; -arctan(x)$$

Eine Besonderheit, die bei einigen Filtern auftritt, soll noch diskutiert werden. Wenn das Ergebnis einer Phasenwinkel-Berechnung folgende Form aufweist ($x =$ normierte Frequenz):

$$\phi = arctan\left(\frac{ax}{1-(bx)^2}\right) \;,$$

ist ϕ im Bereich $bx < 1$ positiv, im Bereich $bx > 1$ jedoch negativ. Bei $bx = 1$ tritt *scheinbar* ein Phasensprung von -180° auf, der in der Regel real gar nicht existiert. Daher ist folgende Ergänzung zu machen:

$$\phi = arctan\left(\frac{ax}{1-(bx)^2}\right) \;+180^o \cdot \sigma(x-b)$$

Der Spezialfall ($a = 2$, $b = 1$) tritt bei entkoppelten Filtern 2. Ordnung auf. Folgende mathematische Identität kann dann zur Vereinfachung ausgenutzt werden:

$$arctan\left(\frac{2x}{1-x^2}\right) \;+180^o \cdot \sigma(x-1) \;=\; 2 \cdot arctan(x)$$

Bemerkung: Es wurde hier vorausgesetzt, daß die Ergebnisse der *arctan*-Funktion in der Einheit $[^o]$ vorliegen. Da allerdings die meisten Programmiersprachen und Plotprogramme das Ergebnis der *arctan*-Funktion im Bogenmaß $[rad]$ liefern[1], werden die in diesem Buch berechneten Phasengänge mit dem Faktor $\frac{180^o}{\pi}$ versehen.

[1](2π *rad* entspricht 360°)

3 Knoten- und Maschenregel

Der erste Schritt bei der Analyse eines *elektrischen Netzwerkes* (Synonym für *elektronische Schaltung*) besteht darin, Knoten- und Maschengleichungen aufzustellen. Die Strom- und Spannungsverhältnisse in einem *linearen* Netzwerk können dadurch vollständig und eindeutig berechnet werden. Ein lineares Netzwerk darf nur 'lineare Bauteile' enthalten, zu denen folgendes zu bemerken ist:

1. Die Strom- und Spannungsamplituden an einem linearen Bauteil sind proportional zueinander. Das heißt, der durch das Bauteil fließende (zeitlich gemittelte) Strom nimmt linear mit der angelegten Spannung zu. Dies gilt für Gleich- *und* Wechselspannungen.

2. Der Proportionalitätsfaktor zwischen Spannung und Strom kann frequenzabhängig sein, ein lineares Bauteil darf jedoch *keine neuen* Frequenzen erzeugen.

3. *Lineare* Bauteile sind: ideale Strom- und Spannungsquellen, ohmsche Widerstände, Kondensatoren, Spulen, (im Kleinsignalbetrieb) Operationsverstärker (OPV).

4. Im allgemeinen *nichtlinear* sind z. B. folgende Bauteile: Dioden, Transistoren, digitale ICs, Röhren, Glühbirnen.

Abgesehen von digitalen Bausteinen besitzen viele nichtlineare Bauteile Kennlinien mit linearen Teilbereichen. Wenn der *Arbeitspunkt* (stationäre Strom- und Spannungsverteilung) so gewählt wird, daß er in einem solchen linearen Bereich liegt, kann das entsprechende Bauteil bei geringen Strom- bzw. Spannungsänderungen als linear betrachtet werden.
Der OPV, welcher im wesentlichen aus Transistoren besteht, kann den linearen Bauteilen zugeordnet werden, wenn *Kleinsignalbetrieb* vorliegt bzw. bei großen Signalen die *Großsignal-Grenzfrequenz* nicht überschritten wird. In beiden Fällen ist gewährleistet, daß beliebige Eingangssignale gemäß einer allgemeingültigen Übertragungsfunktion linear übertragen werden. Linear ist die Übertragung dann, wenn die Übertragungsfunktion *nicht* von

der Höhe der Eingangs- oder Ausgangsspannung abhängt (siehe Kapitel 13 und 23).

Knoten- und Maschenregel (auch *Kirchhoffsche Sätze* genannt) besagen nun folgendes:

Knotenregel

Die Summe aller auf einen Knoten zufließenden Ströme ist Null.

mathematisch ausgedrückt: $$\sum_{i=1}^{n} I_i = 0$$

Konvention:
Auf den Knoten zufließende Ströme sind positiv, wegfließende Ströme sind negativ.

Maschenregel

Die Summe aller Spannungen bei einem vollständigen Maschenumlauf ist Null.

mathematisch ausgedrückt: $$\sum_{i=1}^{n} U_i = 0$$

Konventionen:
a) Spannungspfeile in Richtung des Maschenumlaufs repräsentieren positive Spannungen, entgegengesetzte Pfeile negative Spannungen.
b) Bei einer Spannungsquelle weist der Spannungspfeil vom Plus- zum Minuspol; der Strompfeil weist vom Pluspol weg (*technische Stromrichtung*). Bei allen stromdurchflossenen (linearen) Widerständen weisen Strom- und Spannungspfeil in dieselbe Richtung.

Die Gesamtzahl der aufgestellten Gleichungen muß der Anzahl der unbekannten Ströme entsprechen, damit das Gleichungssystem eindeutig gelöst werden kann. Um dies auf systematische Weise zu erreichen, geht man folgendermaßen vor:

1. Bei einer beliebigen Masche wird der erste Umlauf durchgeführt.

2. Die erste Masche wird (gedanklich) an einer beliebigen Stelle aufgetrennt, wodurch die nächste Masche entsteht.

3. Das Verfahren wird solange wiederholt, bis es keine neuen Maschen mehr gibt.

4. Die noch fehlenden Gleichungen sind Knotengleichungen.

Anhand eines einfachen Netzwerkes mit zwei Gleichspannungsquellen und drei ohmschen Widerständen soll die Aufstellung und Lösung des zugehörigen Gleichungssystems demonstriert werden:

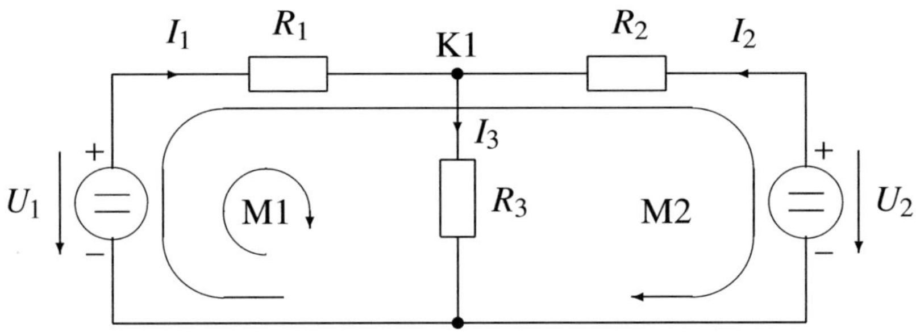

Abbildung 3.1: Einfaches lineares Netzwerk

Die Maschenumläufe M1 und M2 ergeben sich aus den Schritten 1 bis 3. An der oberen Zuleitung von R_3 wird M1 gedanklich aufgetrennt, um M2 zu erhalten. Da es drei unbekannte Ströme (I_1, I_2, I_3) gibt, wird noch eine Knotengleichung benötigt, wozu z. B. der Knoten K1 verwendet werden kann. Die Vorgehensweise zur Lösung linearer Gleichungssysteme wird hier nicht weiter erläutert, da dies bereits in Kapitel 2 geschehen ist.

$$\begin{array}{lrcrcrcl}
\text{M1} \rightarrow Gl.\,I: & -U_1 & + & I_1R_1 & + & I_3R_3 & = & 0 \\
\text{M2} \rightarrow Gl.\,II: & -U_1+U_2 & + & I_1R_1 & - & I_2R_2 & = & 0 \\
\text{K1} \rightarrow Gl.\,III: & I_1 & + & I_2 & - & I_3 & = & 0
\end{array}$$

$Gl.$	I_1	I_2	I_3	rechte Seite
I	R_1	0	R_3	U_1
II	R_1	$-R_2$	0	$U_1 - U_2$
III	1	1	-1	0

$$II - I \longrightarrow II \quad \text{und} \quad III \cdot R_1 - I \longrightarrow III$$

$Gl.$	I_1	I_2	I_3	rechte Seite
I	R_1	0	R_3	U_1
II	0	$-R_2$	$-R_3$	$-U_2$
III	0	R_1	$-R_1 - R_3$	$-U_1$

$$\left(III + \frac{R_1}{R_2} \cdot II\right) \cdot (-1) \longrightarrow III \quad \text{und} \quad II \cdot (-1) \longrightarrow II$$

$Gl.$	I_1	I_2	I_3	rechte Seite
I	R_1	0	R_3	U_1
II	0	R_2	R_3	U_2
III	0	0	$R_1 + R_3 + \frac{R_1 R_3}{R_2}$	$U_1 + U_2 \frac{R_1}{R_2}$

$$Gl.\, III \cdot R_2 : \quad (R_1R_2 + R_2R_3 + R_1R_3)I_3 = U_1R_2 + U_2R_1$$

$$\Rightarrow \quad I_3 = \frac{U_1R_2 + U_2R_1}{R_1R_2 + R_2R_3 + R_1R_3} = \frac{U_1R_2 + U_2R_1}{Nenner}$$

$$Gl.\, II : \quad R_2I_2 + R_3I_3 = U_2 \quad \Rightarrow \quad I_2 = \frac{U_2(R_1 + R_3) - U_1R_3}{Nenner}$$

$$Gl.\, I : \quad R_1I_1 + R_3I_3 = U_1 \quad \Rightarrow \quad I_1 = \frac{U_1(R_2 + R_3) - U_2R_3}{Nenner}$$

Die Stromverteilung ist nun (algebraisch) eindeutig bestimmt. Für die Widerstände und Quellenspannungen können beliebige Zahlenwerte eingesetzt und damit die konkreten Ströme ausgerechnet werden.

4 Komplexe Widerstände

Das *Ohmsche Gesetz* besagt, daß der Spannungsabfall U an einem ohmschen Widerstand R direkt proportional zum durchfließenden Strom I ist:

$$U = I \cdot R \tag{4.1}$$

Es spielt dabei keine Rolle, ob U und I Gleich- oder Wechselgrößen sind, sie werden immer 'in Phase' sein ($\phi = 0$).
Handelt es sich jedoch nicht um ohmsche Widerstände, sondern um Kondensatoren oder Spulen (sogenannte *Blindwiderstände*), so ist das Ohmsche Gesetz nicht mehr direkt anwendbar. Um den Spannungsabfall an Blindwiderständen zu berechnen, muß der Strom eigentlich integriert bzw. differenziert werden:

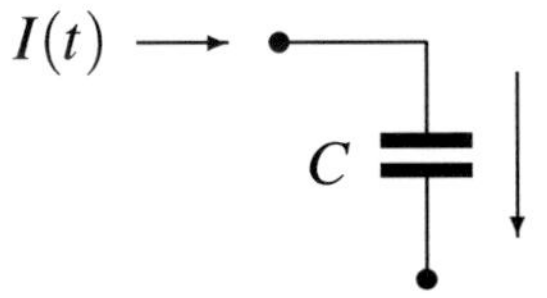

$$U(t) = \frac{1}{C} \int I(t)\, dt$$

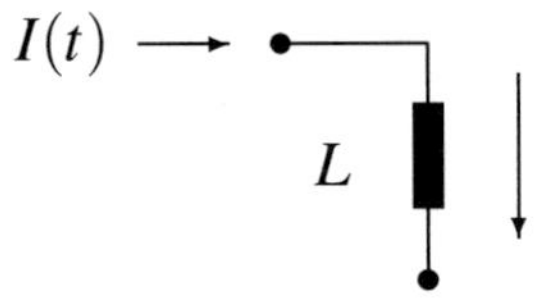

$$U(t) = L\,\frac{dI(t)}{dt}$$

Durch die Einführung *komplexer Widerstände* kann man Integration und Differentiation jedoch umgehen. Dazu werden folgende Zuordnungen vorgenommen:

$$\boxed{C \longrightarrow X_C = \frac{1}{j\omega C} = kapazitiver\ Blindwiderstand} \tag{4.2}$$

$$\boxed{L \longrightarrow X_L = j\omega L = induktiver\ Blindwiderstand} \tag{4.3}$$

In einigen Lehrbüchern werden die Zuordnungen: '$X_C = \frac{1}{\omega C}$' und '$X_L = \omega L$' verwendet, denen noch die imaginäre Einheit j hinzugefügt werden muß.
Didaktisch sinnvoller sind aber die Gln. (4.2) und (4.3), da dort die Position von j einprägsamer ist. Es genügt, sich zu merken, daß das j immer direkt vor dem ω steht. Darüber hinaus können die Größen X_C und X_L gemäß den Gln. (4.2) und (4.3) genauso wie ohmsche Widerstände behandelt werden. Es ergeben sich dadurch dem Ohmschen Gesetz äquivalente Gleichungen für komplexe Widerstände:

$$U_C = I_C \cdot X_C = I_C \cdot \frac{1}{j\omega C} \ , \qquad U_L = I_L \cdot X_L = I_L \cdot j\omega L \tag{4.4}$$

Der Unterschied zu Gl. (4.1) besteht darin, daß hier alle Größen (U_C,U_L,I_C,I_L,X_C,X_L) als komplex zu betrachten sind. Bei I_C und I_L handelt es sich um sogenannte *Blindströme*. Wie in Kapitel 1 angedeutet ist, wird auf die Kennzeichnung der komplexen Größen durch untergesetzte Striche verzichtet.
Die Verwendung komplexer Widerstände ermöglicht es jetzt auch allen, die mit der Integral- und Differentialrechnung nicht vertraut sind, elektrische Netzwerke, die Kondensatoren und Spulen enthalten, zu berechnen.
Der 'Trick', besteht darin, die Berechnung der Spannungen und Ströme im *komplexen Frequenzraum* vorzunehmen, was in den nächsten Kapiteln noch näher erläutert wird. Zunächst ist es nur wichtig, sich die Gln. (4.2) und (4.3) einzuprägen, denn sie bilden eine der Grundlagen für die Schaltungsanalyse.
Bei Umformungen sind insbesondere die Rechenregeln für die imaginäre Einheit j zu beachten:

$$\frac{1}{j} = -j \qquad \textit{und} \qquad j^2 = -1$$

Eine beliebige Kombination aus ohmschen Widerständen und Blindwiderständen wird als *komplexe Impedanz* oder *komplexer Widerstand (Z)* bezeichnet.

In der folgenden Abbildung ist die Reihenschaltung äquivalent zu dem rechts stehenden komplexen Widerstand Z.

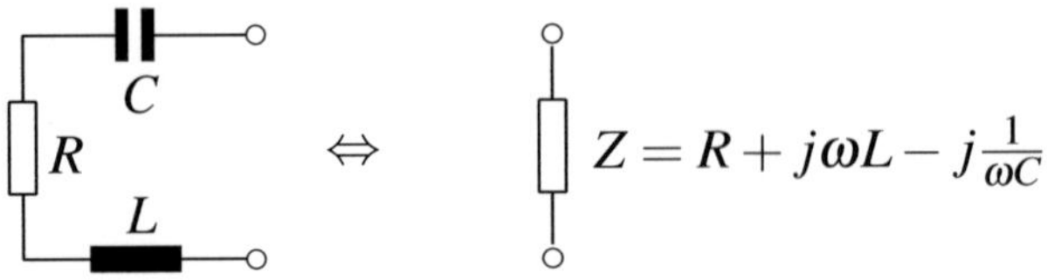

Man bezeichnet die Summe der Terme ohne den Faktor j als *Realteil* (Re) und die Summe der Terme mit j als *Imaginärteil* (Im) von Z. Im obigen Beispiel ist:

$$Re\{Z\} = R \;, \qquad Im\{Z\} = \omega L - \frac{1}{\omega C}$$

In der komplexen Zahlenebene dargestellt:

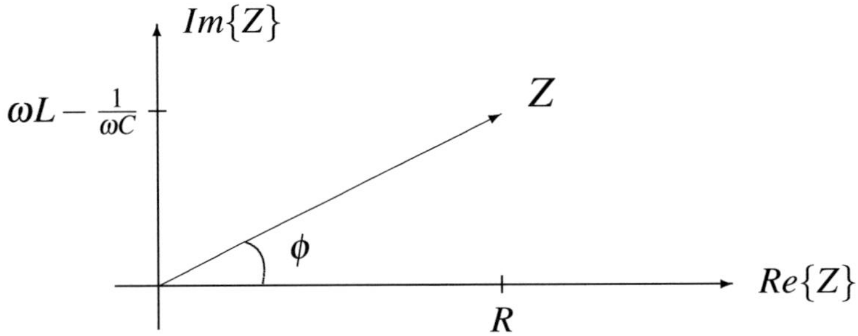

Der Phasenwinkel ϕ beträgt hier:

$$\phi = arctan\left(\frac{Im\{Z\}}{Re\{Z\}}\right) = arctan\left(\frac{\omega L - \frac{1}{\omega C}}{R}\right)$$

Der Betrag von Z wird als *Scheinwiderstand* oder *Impedanz* bezeichnet und folgendermaßen berechnet:

$$Impedanz = |Z| = \sqrt{Re\{Z\}^2 + Im\{Z\}^2} = \sqrt{R^2 + \left(\omega L - \frac{1}{\omega C}\right)^2}$$

Es gibt für jedes noch so komplizierte Netzwerk aus ohmschen Widerständen, Spulen und Kondensatoren *einen* äquivalenten komplexen Widerstand, der immer eindeutig in Real- und Imaginärteil zerlegt werden kann. Konsequenter Weise gilt natürlich auch: $U_Z = I_Z \cdot Z$

Die komplexen Ströme und Spannungen können ebenfalls in der komplexen Zahlenebene dargestellt werden. Sie werden allerdings nicht wie die komplexen Widerstände durch feste Zeiger sondern durch rotierende Zeiger repräsentiert, denn im Gegensatz zu den Widerständen sind Ströme und Spannungen im allgemeinen zeitabhängig.

Wie gelangt man nun von den komplexen Strömen bzw. Spannungen zu den korrespondierenden Größen im Zeitbereich?
Anhand eines Kondensators soll der Zusammenhang verdeutlicht werden: Gegeben sei ein Kondensator C, durch den der komplexe Strom I_C fließe. Die komplexe Impedanz Z ist hier identisch mit dem komplexen, kapazitiven Blindwiderstand X_C, wodurch sich die komplexe Spannung am Kondensator wie in Gl. (4.4) ergibt:

$$U_C = I_C \cdot X_C = I_C \left(-j \frac{1}{\omega C} \right)$$

Zunächst kann der Phasenwinkel ϕ zwischen Strom und Spannung berechnet werden:

$$\phi = arctan\left(\frac{Im\{Z\}}{Re\{Z\}}\right) = arctan\left(\frac{-\frac{1}{\omega C}}{0}\right) = arctan(-\infty) = -90^o$$

(Hinweis für Taschenrechner: $-90^o\ [DEG] = -\pi/2\ [RAD]$)
Wie zu sehen ist, ergibt sich ϕ aus Real- und Imaginärteil des komplexen Widerstands, letzterer stellt also das Bindeglied zwischen Strom und Spannung dar.
Der zeitliche Verlauf des Stroms kann beliebig gewählt werden; wir nehmen an, es sei ein cosinusförmiger Verlauf:

$$I_C \quad \bullet\!\!-\!\!\!-\!\!\circ \quad I(t) = |I_C| \cdot cos(\omega t)$$

Das hantelförmige Symbol verwendet man, wenn einer komplexen Größe die korrespondierende zeitabhängige Größe gegenübergestellt wird. Für die Spannung gilt dann folgende Korrespondenz:

$$U_C \quad \bullet\!\!-\!\!\!-\!\!\circ \quad U(t) = |U_C| \cdot cos(\omega t - 90^o) = \frac{|I_C|}{\omega C} \cdot sin(\omega t)$$

An diesem Beispiel wird deutlich, daß der Faktor $-j$ mit einer Phasenverschiebung um -90° korrespondiert.
Für einen beliebigen komplexen Widerstand Z lautet die Zuordnung bei cosinusförmigem Strom I:

$$U_Z \bullet\!\!-\!\!\circ\; U(t) = |I| \cdot |Z| \cdot cos\,(\omega t + \phi_Z)\ , \quad \phi_Z = arctan\left(\frac{Im\{Z\}}{Re\{Z\}}\right)$$

Das folgende Zeitdiagramm veranschaulicht die Phasenverschiebung zwischen Strom und Spannung:

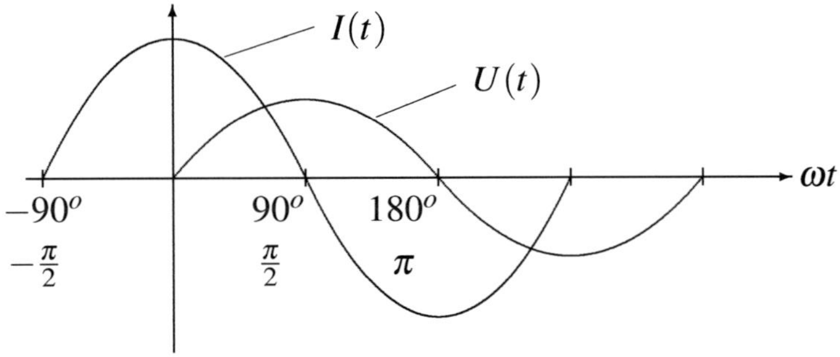

Abbildung 4.1: Strom und Spannung am Kondensator

Die Begriffe *imaginär*, *blind* und *schein* sollten nicht zu der Annahme verleiten, daß es Ströme oder Spannungen dieser Art gar nicht gibt. Das Gegenteil ist der Fall: Auch ein zu hoher Blindstrom (z. B. durch einen Transformator oder Elektromotor verursacht) läßt eine Sicherung durchbrennen. Die Bezeichnung *imaginärer Strom* besagt ja nur, daß der Strom nicht zum gleichen Zeitpunkt das Maximum aufweist wie die Spannung. Der Ausdruck *Blindstrom* ist entstanden, weil ein solcher Strom aufgrund der Phasenverschiebung von $\pm 90^o$ gegenüber der Spannung keine *Wirkleistung* – sprich Wärme – im angeschlossenen Gerät erzeugt. Blindströme werden vom Hausstromzähler nicht registriert (oder sollten es zumindest nicht).

5 Übertragungsfunktion

Die Übertragungsfunktion $G(\omega)$ einer analogen Schaltung gibt das frequenzabhängige Verhältnis zwischen Ausgangs- und Eingangsspannung an:

$$G(\omega) = \frac{U_A(\omega)}{U_E(\omega)}$$

Vorausgesetzt wird, daß die Schaltung jeweils zwei Anschlüsse für das Eingangs- und das Ausgangssignal hat. Solch eine Schaltung wird auch als *Vierpol* bezeichnet.
Wenn die Schaltung eine Phasenverschiebung zwischen Ausgangs- und Eingangssignal verursacht (z. B. durch Spulen oder Kondensatoren), ist $G(\omega)$ komplex. Das wird meistens der Fall sein.
Um die Bildung einer Übertragungsfunktion zu demonstrieren, wählen wir einen 2-stufigen passiven Tiefpaß:

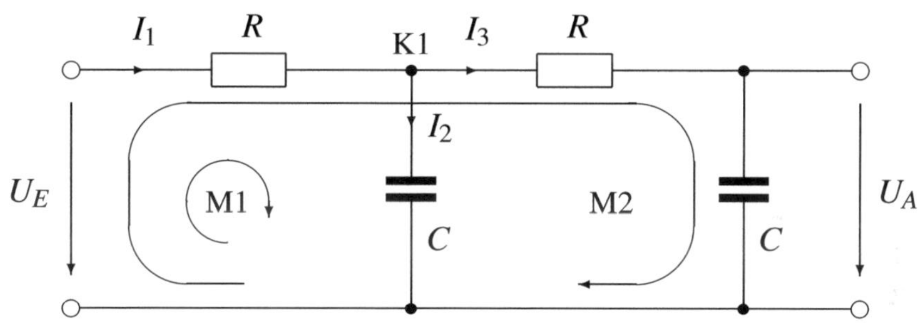

Ähnlich wie im vorhergehenden Kapitel werden zwei Maschengleichungen (M1, M2) und eine Knotengleichung (K1) aufgestellt:

$$\begin{array}{llrcrcrcl}
\text{M1} \rightarrow & Gl.\,I: & -U_E & + & I_1R & + & I_2X_C & = & 0 \\
\text{M2} \rightarrow & Gl.\,II: & -U_E & + & I_1R & + & I_3(R+X_C) & = & 0 \\
\text{K1} \rightarrow & Gl.\,III: & I_1 & - & I_2 & - & I_3 & = & 0
\end{array}$$

Die beiden (gleichen) Kondensatoren C treten in den obigen Gleichungen als Blindwiderstände X_C auf. Nach dem bekannten Verfahren wird die

Koeffizienten-Matrix aufgestellt und soweit umgewandelt, bis I_3 ermittelt ist:

Gl.	I_1	I_2	I_3	*rechte Seite*
I	R	X_C	0	U_E
II	R	0	$R+X_C$	U_E
III	1	-1	-1	0

$$II - I \longrightarrow II \quad und \quad III \cdot R - I \longrightarrow III$$

Gl.	I_1	I_2	I_3	*rechte Seite*
I	R	X_C	0	U_E
II	0	$-X_C$	$R+X_C$	0
III	0	$-R$	$-2R-X_C$	$-U_E$

$$III - \frac{R}{X_C} \longrightarrow III$$

Gl.	I_1	I_2	I_3	*rechte Seite*
I	R	X_C	0	U_E
II	0	$-X_C$	$R+X_C$	0
III	0	0	$-\left(3R+X_C+\frac{R^2}{X_C}\right)$	$-U_E$

$$Gl.\, III: \quad \left(3R+X_C+\frac{R^2}{X_C}\right) I_3 = U_E$$

Der Ausgang der Schaltung wird als offen betrachtet, das heißt, der Strom I_3 fließt komplett über den Kondensator am Ausgang ab. Praktisch bedeutet das, der Ausgang darf nur mit einem sehr hochohmigen Meßgerät oder Verbraucher verbunden werden, so daß der Strom durch das angeschlossene Gerät vernachlässigt werden kann. Infolgedessen ist $I_3 = U_A/X_C$, was in Gl. III eingesetzt wird:

$$\Rightarrow \quad \frac{U_A}{U_E} = G(\omega) = \frac{X_C}{3R+X_C+\frac{R^2}{X_C}} = \frac{1}{\frac{3R}{X_C}+1+\frac{R^2}{X_C{}^2}}$$

Mit $X_C = \frac{1}{j\omega C}$ erhält man die komplexe Übertragungsfunktion des 2-stufigen Tiefpasses:

$$\frac{U_A}{U_E} = G(\omega) = \frac{1}{1-(\omega RC)^2 + j3\omega RC}$$

Es muß noch einmal betont werden, daß mit diesem Verfahren **nur lineare Netzwerke** analysiert werden können (siehe auch Kapitel 23).
Die *Ordnung* einer Übertragungsfunktion ist gleich der *höchsten Potenz* von ω im Nenner von $G(\omega)$, wobei $G(\omega)$ derart vorliegen muß, daß die niedrigste Potenz im Nenner gleich Null ist ($\omega^0 = 1$).
Der 2-stufige Tiefpaß besitzt demnach eine Übertragungsfunktion 2. Ordnung.

Bei einfachen Schaltungen ist es nicht unbedingt notwendig, das Gleichungssystem systematisch aufzustellen und umzuwandeln. Mit etwas Übung gelangt man oft durch geschickte Wahl der Gleichungen und direktes Einsetzen einer Gleichung in eine andere schneller zum Ziel. Hilfreich sind dabei die folgenden Regeln, welche später auch zur Anwendung kommen werden.

5.1 Spannungsteiler- und Stromteiler-Regel

Bei einer Reihen- bzw. Parallelschaltung zweier (komplexer) Widerstände ist die Spannungs- bzw. Stromverteilung folgendermaßen:

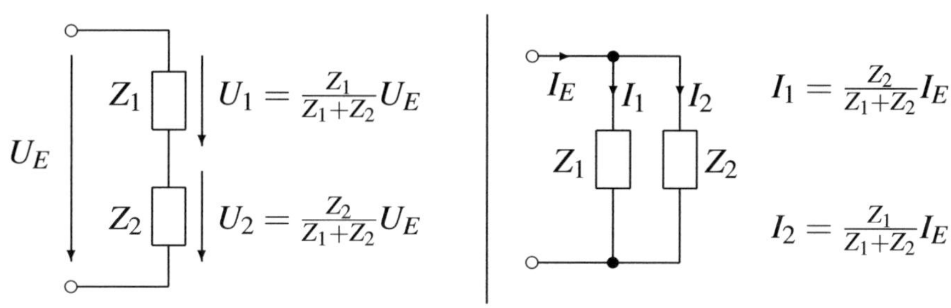

Die Übertragungsfunktion des 2-stufigen Tiefpasses hätte man auch durch die Anwendung der Spannungsteiler-Regel erhalten können, denn die Schaltung stellt im Prinzip einen 2-fachen Spannungsteiler dar.
Die Stromteiler-Regel ist der Vollständigkeit halber aufgeführt, sie wird weitaus seltener benötigt als die Spannungsteiler-Regel.

Parallelschaltung von *R* und *C*
Der komplexe Gesamtwiderstand *Z* der Parallelschaltung beträgt:

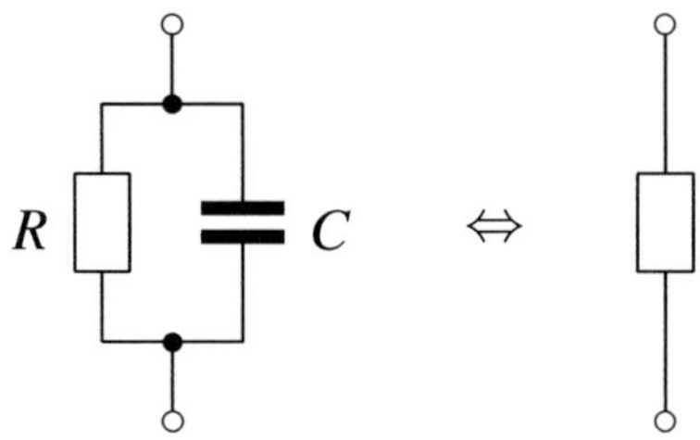

$$Z = R \parallel X_C = \frac{R \cdot X_C}{R + X_C} = \frac{R}{1 + j\omega RC}$$

5.2 Entkoppelte Vierpole

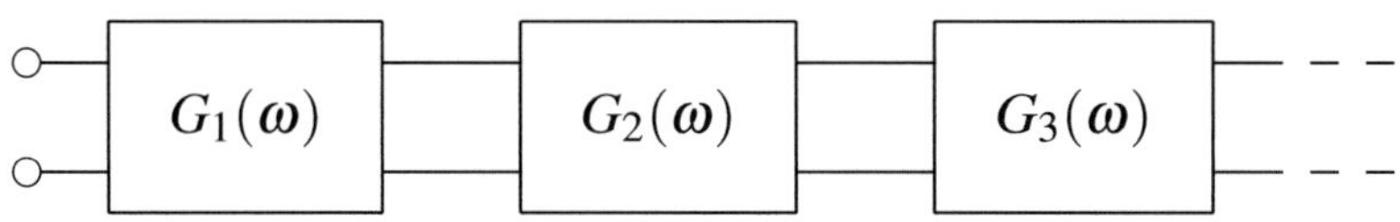

Schaltet man Vierpole hintereinander, deren Eingangsimpedanz jeweils wesentlich größer ist als die Ausgangsimpedanz des vorausgehenden Vierpols, dann ist die Gesamtübertragungsfunktion das Produkt der einzelnen Übertragungsfunktionen:

$$G(\omega) = G_1(\omega) \cdot G_2(\omega) \cdot G_3(\omega) \cdot \ldots$$

Wichtig ist dabei, daß keiner der Vierpole durch den nachfolgenden belastet wird, nur dann können die Vierpole als *entkoppelt* betrachtet werden.
Es wäre falsch, bei dem 2-stufigen Tiefpaß einfach die Übertragungsfunktionen der einzelnen Tiefpässe zu multiplizieren, da die Entkopplungsbedingung dort nicht erfüllt ist.

6 Amplituden- und Phasengang

Die Frequenzabhängigkeit der Amplitude am Ausgang einer Schaltung wird durch den *Frequenzgang der Amplitude* – kurz: *Amplitudengang* – wiedergegeben. Entsprechend gibt der *Frequenzgang der Phasenverschiebung* – kurz: *Phasengang* – die frequenzabhängige Phasenverschiebung zwischen Eingangs- und Ausgangsspannung wieder.
Beide Größen ergeben sich aus der komplexen Übertragungsfunktion $G(\omega)$, deren Berechnung in Kapitel 5 vorgeführt wurde.

6.1 Berechnung eines Amplitudengangs

Die Amplitude der Ausgangsspannung ist identisch mit dem Betrag der komplexen Größe $U_A(\omega)$, welche mit der Übertragungsfunktion folgendermaßen zusammenhängt:

$$\boxed{|U_A(\omega)| = |U_E(\omega)| \cdot |G(\omega)|} \tag{6.1}$$

Der Amplitudengang ist demnach direkt proportional zum Betrag der Übertragungsfunktion.

$$\boxed{|U_A| \sim |G(\omega)| = \sqrt{Re\{G(\omega)\}^2 + Im\{G(\omega)\}^2}} \tag{6.2}$$

Exemplarisch wird jetzt der Amplitudengang des 2-stufigen Tiefpasses aus Kapitel 5 berechnet. Die Übertragungsfunktion lautete:

$$G(\omega) = \frac{1}{1-(\omega RC)^2 + j3\omega RC} \tag{6.3}$$

$G(\omega)$ muß in Real- und Imaginärteil zerlegt werden. Zunächst wird der Bruch so erweitert, daß der Nenner mit Hilfe der 3. Binomischen Formel für komplexe Zahlen (siehe Kapitel 2.3) reell wird:

$$G(\omega) = \frac{1-(\omega RC)^2 - j3\omega RC}{(1-(\omega RC)^2 + j3\omega RC)\,(1-(\omega RC)^2 - j3\omega RC)}$$

$$\Rightarrow \quad G(\omega) = \frac{1-(\omega RC)^2 - j3\omega RC}{(1-(\omega RC)^2)^2 + (3\omega RC)}$$

Diese Form von $G(\omega)$ wird im nächsten Abschnitt für die Phasengang-Berechnung verwendet. Bei der Betragsbildung kann die Wurzel des Nenners herausgekürzt werden:

$$|G(\omega)| = \frac{\sqrt{(1-(\omega RC)^2)^2 + (3\omega RC)^2}}{(1-(\omega RC)^2)^2 + (3\omega RC)}$$

$$\Rightarrow \quad |G(\omega)| = \frac{1}{\sqrt{(1-(\omega RC)^2)^2 + (3\omega RC)^2}} \tag{6.4}$$

Wenn $G(\omega)$ nicht für eine nachfolgende Phasengang-Berechnung in Real- und Imaginärteil zerlegt werden muß, erhält man $|G(\omega)|$ unmittelbar durch *direkte Betragsbildung*[2] *von Zähler und Nenner* der Übertragungsfunktion (a,b,c,d sind reell):

$$G(\omega) = \frac{a \pm jb}{c \pm jd} \quad \Rightarrow \quad |G(\omega)| = \frac{\sqrt{a^2+b^2}}{\sqrt{c^2+d^2}} \tag{6.5}$$

$|G(\omega)|$ aus Gl. (6.4) gibt die Frequenzabhängigkeit der Amplitude dimensionslos wieder. Um die Ausgangsamplitude in der Einheit $[Volt]$ zu erhalten, wird $|G(\omega)|$ gemäß Gl. (6.1) mit der Eingangsamplitude multipliziert. Für die grafische Darstellung ist es üblich, ω durch $2\pi f$ zu ersetzen, um die Frequenzachse mit der Einheit $[Hz]$ versehen zu können.

[2] siehe Kapitel 2.3

Der **Amplitudengang des 2-stufigen Tiefpasses** lautet dann:

$$|U_A(f)| = |U_E| \cdot \frac{1}{\sqrt{(1-(2\pi fRC)^2)^2 + (6\pi fRC)^2}} \tag{6.6}$$

Um über einen großen Frequenzbereich eine aussagekräftige Darstellung zu erhalten, werden Frequenz- und Amplitudenachse logarithmisch eingeteilt. Abb. 6.1 zeigt den Amplitudengang aus Gl. (6.6) in der üblichen Form.

Wird nicht $|U_A(f)|$ sondern $|G(f)|$ aufgetragen, so erfolgt die Achseneinteilung oft in der dimensionslosen Einheit $[Dezibel = dB]$. Der Zusammenhang ist folgender:

$$x\,dB = 20 \cdot log\,\frac{|U_A(f)|}{|U_E(f)|} = 20 \cdot log\,|G(f)|$$

Wegen der Anschaulichkeit wird aber in diesem Buch die Amplitude immer in der Einheit $[Volt = V]$ angegeben.

Für hohe Frequenzen nähert sich der Amplitudengang in Abb. 6.1 einer Geraden (Asymptote) mit negativer Steigung an. Diese Steigung wird immer in [dB/Dekade] oder [dB/Oktave] angegeben.
Die höchste Potenz (p) im Nenner der Übertragungsfunktion eines Tiefpasses bestimmt die *Ordnung* des Tiefpasses. In Gl. (6.3) ist $p = 2$ und der 2-stufige Tiefpaß daher von 2. Ordnung. Die Asymtotensteigung berechnet sich dann zu :

$$-p \cdot 20\,dB/Dekade = -40\,dB/Dekade$$

Das heißt, bei einer Verzehnfachung der Frequenz *verringert* sich die Ausgangsamplitude um $40\,dB$, also um den Faktor $10^{40/20} = 100$.

Die Berechnung der *Grenzfrequenz* wird in Kapitel 8 anhand eines passiven Tiefpasses 1. Ordnung erläutert.

6.2 Berechnung eines Phasengangs

Der Phasengang in der Einheit $[^o]$ ergibt sich aus:

$$\phi(\omega) = \frac{180^o}{\pi} \cdot arctan\left(\frac{Im\{G(\omega)\}}{Re\{G(\omega)\}}\right) + \sum_i \pm 180^o \cdot \sigma(\omega - \omega_i) \tag{6.7}$$

Da die $arctan$-Funktion den Wertebereich $[-\frac{\pi}{2}, +\frac{\pi}{2}]$ bzw. $[-90^o, +90^o]$ besitzt, viele Schaltungen die Phase jedoch um größere Winkel verschieben, müssen an den ungeraden Polstellen (Übergang von $arctan(+\infty)$ nach $arctan(-\infty)$ oder umgekehrt) ggf. Phasensprünge hinzugefügt werden, um den tatsächlichen Phasengang korrekt zu beschreiben. (Daher die angefügte Summe.)

Als Beispiel soll hier wieder der 2-stufige Tiefpaß dienen. $G(\omega)$ wird in Real- und Imaginärteil zerlegt (siehe Kapitel 6.1), wodurch man das Argument der $arctan$-Funktion erhält.

$$G(\omega) = \frac{1}{1-(\omega RC)^2 + j3\omega RC} = \frac{1-(\omega RC)^2 - j3\omega RC}{(1-(\omega RC)^2)^2 + (3\omega RC)}$$

Ein gemeinsamer Nenner von Real- und Imaginärteil wird bei der Berechnung von $\phi(\omega)$ immer herausgekürzt.

$$\phi(\omega) = \frac{180^o}{\pi} \cdot arctan\left(\frac{-3\omega RC}{1-(\omega RC)^2}\right) - 180^o \cdot \sigma\left(\omega - \frac{1}{RC}\right) \tag{6.8}$$

Bei $\omega = \frac{1}{RC}$ liegt eine ungerade Polstelle des Arguments vor, die durch den hinzugefügten Sprung um -180° kompensiert wird.

Schaltet man *entkoppelte* Vierpole hintereinander, so sind die Phasenverschiebungen der einzelnen Vierpole einfach zu addieren. Bei n entkoppelten Vierpolen beträgt die gesamte Phasenverschiebung:

$$\phi_{ges}(\omega) = \sum_{i=1}^{n} \phi_n(\omega) \tag{6.9}$$

Auch beim Phasengang erfolgt die grafische Darstellung über einer logarithmischen Frequenzachse. Die Ordinatenachse ist hingegen linear in $[^o]$ eingeteilt.
Wie beim Amplitudengang wird auch hier die Kreisfrequenz ω durch die Frequenz $f = \frac{\omega}{2\pi}$ in [Hz] ersetzt, wenn $\phi(\omega)$ grafisch dargestellt werden soll. Abb. 6.2 zeigt die übliche Darstellung des Phasengangs aus Gl. (6.8).
Die kombinierte Darstellung von Amplituden- und Phasengang über derselben Frequenzachse wird auch als *Bode-Diagramm* bezeichnet.

Randbemerkung:
Im Zusammenhang mit der Berechnung von Phasengängen gibt es eine nützliche mathematische Identität, die durch Differenzieren bewiesen werden kann:

$$arctan\left(\frac{x+y}{1-xy}\right)+c \;=\; arctan(x)+arctan(y)$$

$$xy < 1 \quad \Rightarrow \quad c = 0$$

$$xy > 1\,, \quad x > 0 \quad \Rightarrow \quad c = \pi$$

$$xy > 1\,, \quad x < 0 \quad \Rightarrow \quad c = -\pi$$

Der Spezialfall $x = y$ findet bei entkoppelten Filtern 2. Ordnung Anwendung. Die Identität lautet dann:

$$arctan\left(\frac{2x}{1-x^2}\right)+c \;=\; 2\cdot arctan(x)$$

Die mathematische Darstellung des Phasengangs wird dadurch deutlich vereinfacht.

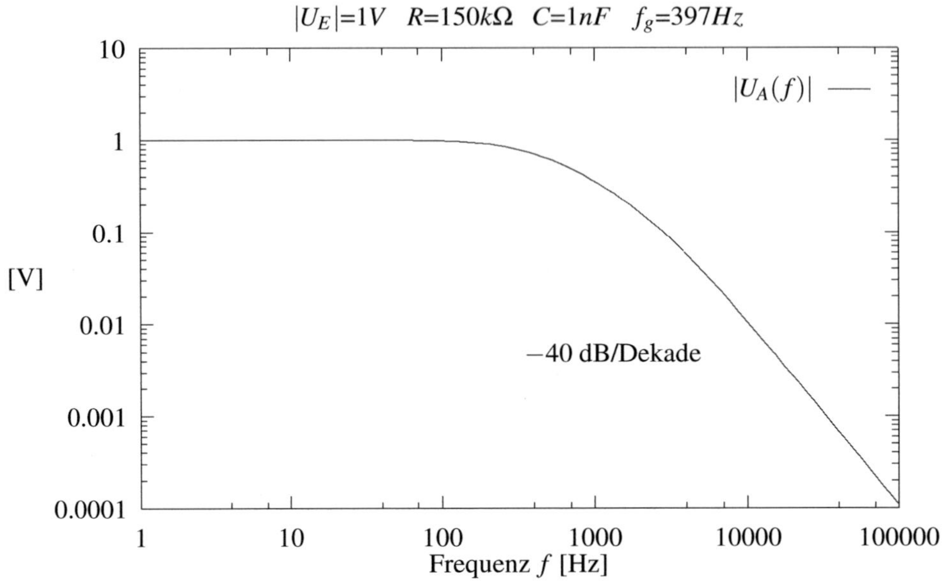

Abbildung 6.1: Amplitudengang des 2-stufigen Tiefpasses

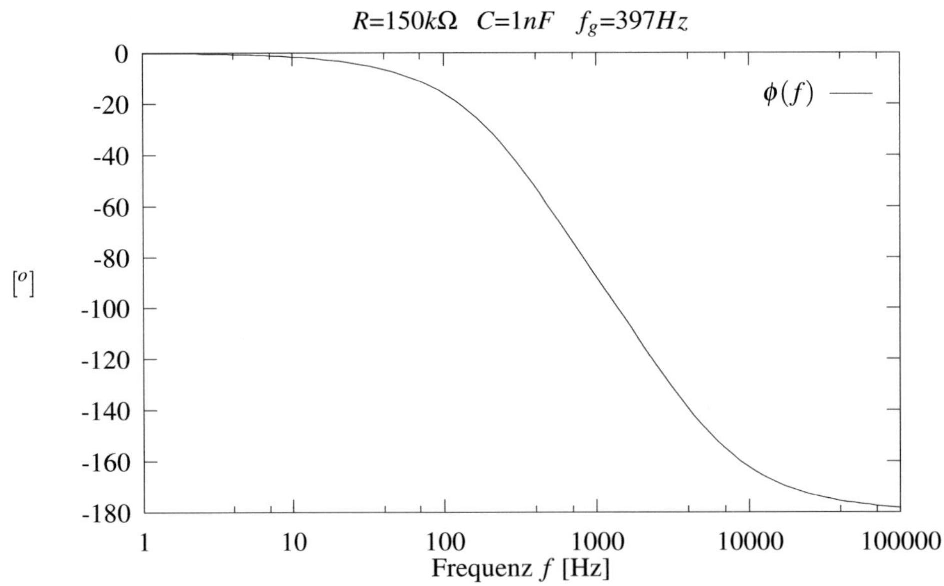

Abbildung 6.2: Phasengang des 2-stufigen Tiefpasses

7 Laplace-Transformation

Bei der Laplace-Transformation (LT) handelt es sich – ähnlich wie bei den komplexen Widerständen – um eine sehr elegante Methode, Integral- und Differentialrechnung zu umgehen. Ein Prinzipschaubild soll die Anwendung verdeutlichen:

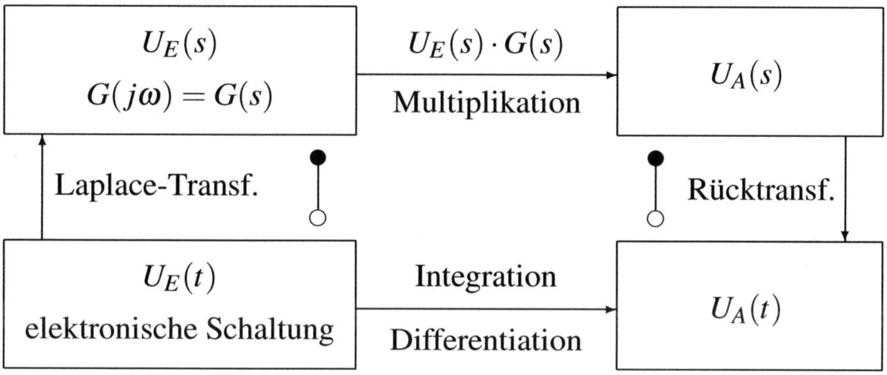

Die zeitabängige Eingangsspannung $U_E(t)$ wird an eine elektronische Schaltung (Vierpol) mit der Übertragungsfunktion $G(j\omega)$ angelegt. Gesucht ist nun die Ausgangsspannung $U_A(t)$, also das, was die Schaltung an ihrem Ausgang unter dem Einfluß von $U_E(t)$ produziert.

Durch die Aufstellung von Differential- bzw. Integralgleichungen und deren Lösung könnte man $U_A(t)$ direkt berechnen, wobei der Rechenaufwand und die notwendigen Kenntnisse in höherer Mathematik beträchtlich wären. Viel einfacher ist es, $U_E(t)$ in den *Frequenzbereich* ($s = j\omega$) zu transformieren und die frequenzabhängige Übertragungsfunktion $G(s)$ aufzustellen. Im Frequenzbereich erfolgt die Berechnung der Ausgangsspannung multiplikativ; das Ergebnis $U_A(s)$ muß dann nur noch in den Zeitbereich zurücktransformiert werden.

Wollte man die Rücktransformation (inverse LT) selber *explizit* vornehmen, so hätte man nichts gewonnen, denn auch hierfür sind Integrale zu lösen. Es gibt aber umfangreiche Tabellenwerke, die einem diese Arbeit abnehmen. Man findet dort alle gängigen (periodischen und nicht-periodischen) Zeit-

funktionen mit ihren korrespondierenden Funktionen im Frequenzbereich. Diese Tabellen können sowohl für die LT als auch für die Rücktransformation verwendet werden.
Selbst in völliger Unkenntnis von Integralrechnung kann so die transiente (zeitliche) Übertragung einer Eingangsspannung ermittelt werden.
Alles bisher über Spannungen Gesagte ist auch zwanglos auf elektrische Ströme übertragbar; der Strom/Spannungs-Wandler in Kapitel 20 ist ein gutes Beispiel dafür.

Die Vorgehensweise zur **Berechnung der zeitlichen Ausgangsspannung** $U_A(t)$ wird jetzt noch einmal anhand von vier Schritten erläutert:

Schritt 1:
Man bildet die Übertragungsfunktion $G(\omega)$ der elektronischen Schaltung (siehe Kapitel 5).

Schritt 2:
Die Kreisfrequenz ω wird durch die Laplace-Variable $s = j\omega$ (auch *Variable des Bildbereichs* genannt) ersetzt:

$$\omega \rightarrow \frac{s}{j} \quad \Longrightarrow \quad G(\omega) \rightarrow G(s)$$

s ist im allgemeinen eine komplexe Größe, die in speziellen Fällen auch einen Realteil enthalten muß. Für die Anwendungen in diesem Buch kann der Realteil jedoch immer gleich Null gesetzt werden.

Schritt 3:
Man wählt eine zeitliche Eingangsspannung (oder einen Eingangsstrom) und ermittelt anhand von Tabellen die korrespondierende Laplace-Transformierte:

$$U_E(t) \circ\!\!-\!\!\!-\!\!\!-\!\!\bullet \; U_E(s)$$

Das hantelförmige Symbol deutet üblicherweise die Korrespondenz zwischen der Zeitfunktion und der zugehörigen Laplace-Transformierten an.

Schritt 4:
Die Laplace-transformierte Ausgangsspannung berechnet sich dann einfach zu:

$$U_A(s) = U_E(s) \cdot G(s)$$

Für die Rücktransformation benutzt man wieder die besagten Tabellen:

$$U_A(s) \quad \bullet\!\!-\!\!\!-\!\!\!-\!\!\circ \quad U_A(t)$$

$U_A(s)$ muß in vielen Fällen erst aufbereitet und zerlegt werden, damit sich in den Tabellen geeignete Korrespondenzen finden. Die Aufbereitung besteht in der Regel darin, den Nenner von $G(s)$ nach Potenzen von s zu ordnen. Der im nächsten Abschnitt erläuterte *Additionssatz* erleichtert die Rücktransformation erheblich.
Häufig benötigte Korrespondenzen sind im Anhang aufgeführt; für eine größere Auswahl ist [Bro] zu empfehlen.

7.1 Hilfssätze für die Laplace-Transformation

Es gibt einige nützliche 'Rechenregeln', welche für die LT bzw. die Rücktransformation gelten. Dabei werden folgende Symbolschreibweisen verwendet:

$$\mathscr{L}\{f(t)\} = f(s) = \text{Laplace-Transformierte von } f(t)$$

$$\mathscr{L}^{-1}\{f(s)\} = f(t) = \text{Rücktransformierte von } f(s)$$

Additionssatz (Linearitätssatz)

$$k_1 \cdot f_1(t) + k_2 \cdot f_2(t) \quad \circ\!\!-\!\!\!-\!\!\!-\!\!\bullet \quad k_1 \cdot \mathscr{L}\{f_1(t)\} + k_2 \cdot \mathscr{L}\{f_2(t)\}$$

k_1 und k_2 sind reelle Konstanten.

Wenn also eine Laplace-Transformierte in eine Summe zerlegt werden kann, sind die Summanden einzeln zu transformieren, was die Rücktransformation oft vereinfacht.

Ähnlichkeitssatz

$$f(k \cdot t) \quad \circ\!\!-\!\!\!-\!\!\!-\!\!\bullet \quad \frac{1}{k} \cdot \mathscr{L}\left\{\frac{s}{k}\right\}, \quad k > 0 \text{ und reell}$$

Verschiebungssatz

$$f(t-\tau) \circ\!\!-\!\!\!-\!\!\bullet \mathscr{L}\{f(t)\} \cdot e^{-\tau s}\,, \quad f(t<0)=0$$

Der Verschiebungssatz ist von besonderer Bedeutung, da er bei den häufig verwendeten Sprung- und Pulsfunktionen zur Anwendung kommt.
Es existieren noch einige andere Sätze [Bro], die allerdings überwiegend in Verbindung mit Integralen und Ableitungen zur Anwendung kommen.

7.2 Sprungantwort

$\sigma(t-\tau) \; =$

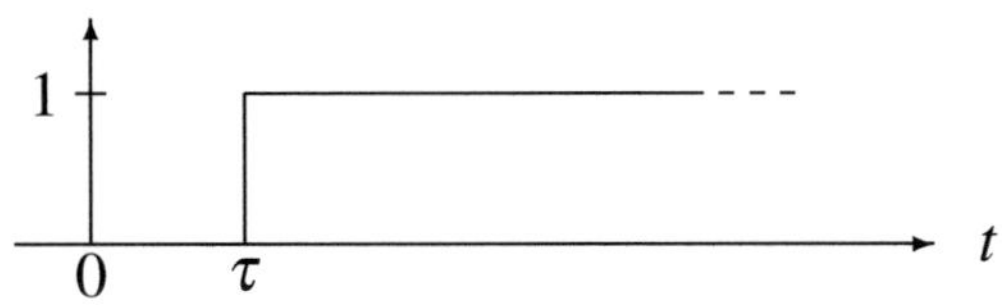

Die dargestellte Sprungfunktion besitzt eine besonders einfache Laplace-Transformierte:

$$\sigma(t-\tau) \circ\!\!-\!\!\!-\!\!\bullet \frac{e^{-\tau s}}{s} \tag{7.1}$$

Wie man sieht, kommt hier bereits der Verschiebungssatz zur Anwendung, denn der Sprung von 0 auf 1 erfolgt nicht bei $t=0$, sondern verzögert bei $t=\tau$. Für den Spezialfall $\tau=0$ gilt: $\sigma(t) \circ\!\!-\!\!\!-\!\!\bullet \frac{1}{s}$.

Abgesehen von ihrer mathematischen Einfachheit ist die Sprungfunktion als Eingangssignal auch deshalb besonders geeignet, weil mit ihr das Schwingungsverhalten einer Schaltung gut ermittelt werden kann. Neigt eine Schaltung (meist unerwünscht) zum Schwingen, so ist dies an der *Sprungantwort* leicht zu erkennen.

$$\text{Sprungantwort: } U_A(t) \circ\!\!-\!\!\!-\!\!\bullet |U_E| \cdot \frac{e^{-\tau s}}{s} \cdot G(s) \tag{7.2}$$

Durch die Sprungantwort wird ein idealisierter Einschaltvorgang berechnet. Vor dem Einschalten ist das Eingangssignal per Definition gleich Null:

$\sigma(t < 0) = 0$. Nach dem Einschalten springt die Spannung (oder der Strom) auf einen konstanten Wert $|U_E|$ (oder $|I_E|$).

7.3 Pulsantwort

$1 - \sigma(t - \tau) \quad =$

Der dargestellte Rechteckpuls ist nichts anderes als ein Einschaltvorgang (hier bei $t = 0$) mit nachfolgendem Ausschaltvorgang (hier bei $t = \tau$). Die Laplace-Transformierte des Rechteckpulses lautet:

$$1 - \sigma(t - \tau) \quad \circ\!\!-\!\!\!-\!\!\bullet \quad \frac{1 - e^{-\tau s}}{s} \tag{7.3}$$

Die *Pulsantwort* einer Schaltung lautet demnach allgemein:

$$\boxed{\text{Pulsantwort: } U_A(t) \quad \circ\!\!-\!\!\!-\!\!\bullet \quad |U_E| \cdot \frac{1 - e^{-\tau s}}{s} \cdot G(s)} \tag{7.4}$$

Natürlich muß der Eingangspuls nicht bei $t = 0$ beginnen. Soll er beispielsweise bei t_1 beginnen und bei t_2 enden, so ist folgende Korrespondenz zu verwenden:

$$\sigma(t - t_1) - \sigma(t - t_2) \quad \circ\!\!-\!\!\!-\!\!\bullet \quad \frac{e^{-t_1 s} - e^{-t_2 s}}{s} \tag{7.5}$$

Einschalt- und Ausschaltvorgang erzeugen bei einer linearen Schaltung gleiche Reaktionen (Sprungantworten), allerdings mit unterschiedlichen Vorzeichen und um die *Pulsdauer* τ verschoben.
In vielen Fällen ist aber eine Pulsantwort noch aussagekräftiger als eine Sprungantwort, denn die Überlagerung der beiden zeitverschobenen Sprungantworten ergibt mitunter sehr charakteristische Pulsformen. Darüber hin-

aus sind es manchmal gerade pulsartige Signale, die durch analoge Schaltungen verarbeitet werden sollen. Daher wird in diesem Buch für alle Schaltungen, bei denen es sinnvoll erscheint, die Pulsantwort berechnet und grafisch dargestellt.
Die *Pulsantwort* ist nicht identisch mit der *Impulsantwort*, die auch *Stoßantwort* genannt wird. Impuls- bzw. Stoßantwort haben als Eingangssignal einen *Dirac-Stoß* (auch *Dirac'sche Deltafunktion* oder δ-Peak), der eher ein theoretisches Gebilde darstellt. Da er unendlich hoch und unendlich kurz ist (das zeitliche Integral über den Dirac-Stoß ist 1), ist er in der Praxis bestenfalls in grober Näherung realisierbar. Man kann einen sehr hohen und sehr kurzen *Puls* auch als einen *Impuls* auffassen. Eine Sprungfunktion ist sowohl experimentell als auch mathematisch leichter zu handhaben als eine Deltafunktion, daher werden in diesem Buch fast ausschließlich Sprungfunktionen oder Pulsfunktionen (= zwei zeitlich verschobene Sprünge) verwendet.

Wichtiger Hinweis:
Aus einer Pulsantwort ergibt sich unmittelbar die Sprungantwort, wenn der Term mit dem Vorfaktor $\sigma(t-\tau)$ weggelassen wird.

Sprung- bzw. Pulsantworten sind auch deshalb sehr charakteristisch für das Übertragungsverhalten einer Schaltung, weil sie sowohl durch den Amplituden- als auch den Phasengang beeinflußt werden.
Mit einem Funktionsgenerator und einem Oszilloskop ist die berechnete Sprung- oder Pulsantwort leicht experimentell zu überprüfen. Dazu muß nur die Ausgangsspannung für konkrete Bauteile-Werte berechnet und grafisch dargestellt werden. Durch den optischen Vergleich mit dem Oszilloskop-Bild erhält man sofort Aufschluß darüber, ob die Berechnungen korrekt durchgeführt wurden. Ist für den betrachteten Spezialfall keine Abweichung zu erkennen, so gelten die Berechnungen mit hoher Wahrscheinlichkeit auch für alle anderen Bauteile-Werte.

8 Analyseprinzip anhand eines passiven Tiefpasses 1. Ordnung

Dies ist eine der einfachsten Schaltungen, die es in der Elektronik gibt. Dennoch wird sie sehr häufig benutzt, da sie aus nur zwei Bauteilen besteht – also schnell aufgebaut werden kann – und für viele Fälle eine ausreichende Unterdrückung hoher Frequenzen liefert.
Der passive Tiefpaß 1. Ordnung eignet sich gut, um die prinzipielle Vorgehensweise bei der Analyse einer Schaltung noch einmal zusammenhängend zu demonstrieren.
Bei allen anderen Schaltungen – auch den aktiven – wird in gleicher Weise vorgegangen. Daher sollte der Leser dieses Kapitel vollständig verstanden haben, bevor er sich komplizierteren Schaltungen zuwendet. Die komplette Analyse dieser Schaltung läßt sich auf weniger als einem DIN A4-Blatt ausführen, wenn einem die Vorgehensweise geläufig ist. Der Umfang dieses Kapitels sollte also nicht abschrecken. Abb. 8.1 zeigt das Schaltbild des Tiefpasses.

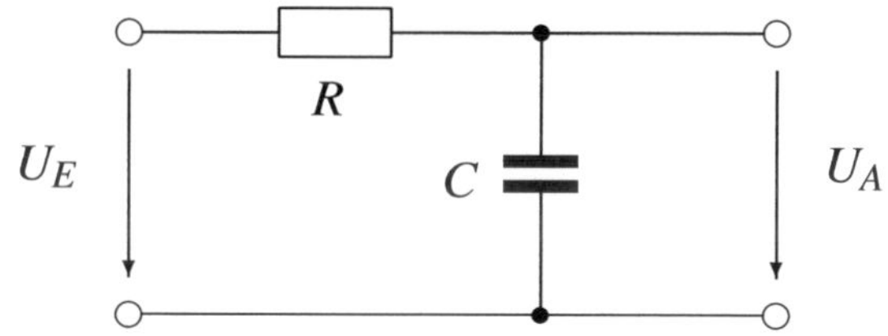

Abbildung 8.1: Passiver Tiefpaß 1. Ordnung

Die Anordnung der beiden Bauteile ist leicht zu behalten, wenn man sich bewußt macht, daß ein Kondensator einen Kurzschluß für hohe Frequenzen darstellt und somit nur tiefe Frequenzen einen Spannungsabfall an C erzeugen.
Ob eine Frequenz als 'tief' oder 'hoch' einzustufen ist, hängt von der Lage der *Grenzfrequenz* ab, welche sich aus den konkreten Werten für R und C ergibt. Die Berechnung der Grenzfrequenz erfolgt in Abschnitt 8.3.

8.1 Übertragungsfunktion

Um die Übertragungsfunktion $G(\omega)$ zu ermitteln, benutzen wir die Spannungsteiler-Regel aus Kapitel 5 und vereinfachen die Gleichung soweit wie möglich.

$$G(\omega) = \frac{U_A}{U_E} = \frac{X_C}{X_C + R} = \frac{\frac{1}{j\omega C}}{\frac{1}{j\omega C} + R} \quad | \quad \cdot j\omega C$$

$$\boxed{G(\omega) = \frac{1}{1 + j\omega RC}} \tag{8.1}$$

Nun sieht man auch, warum der Tiefpaß von 1. Ordnung ist, denn die höchste Potenz von ω im Nenner ist 1.
Die Endergebnisse bei der Berechnung von Übertragungsfunktion, Amplitudengang, Phasengang und Pulsantwort werden jeweils durch einen Kasten umrandet, um sie von den Zwischenrechnungen abzuheben. Möchte der Leser die Herleitungen nicht im einzelnen nachvollziehen, so findet er die Endgleichungen erheblich schneller. Für die vorgestellten Schaltungen soll dieses Buch auch als Nachschlagewerk dienen.

8.2 Amplitudengang

Zur Bestimmung des Amplitudengangs ist das Amplitudenverhältnis von Ausgangs- zu Eingangsspannung in Abhängigkeit von der Frequenz zu ermitteln, das bedeutet nichts anderes als die Betragsbildung von $G(\omega)$. Die Information über die Phasenverschiebung zwischen Eingangs- u. Ausgangsspannung geht dabei verloren.
Ausgangspunkt ist die oben berechnete Übertragungsfunktion $G(\omega)$, die so umgeformt werden muß, daß kein j mehr darin steht. Dazu verwendet man die 3. Binomische Formel, um zunächst einen reellen Nenner zu erhalten. Man erweitert den Bruch um den Nenner, wobei jedoch der Imaginärteil des

Erweiterungsterms mit negativem Vorzeichen versehen wird:

$$G(\omega) = \frac{1}{1 + j\omega RC} = \frac{1 - j\omega RC}{(1 + j\omega RC)(1 - j\omega RC)}$$

Wegen: $(a+b)(a-b) = a^2 - b^2$ und $-j^2 = +1$ folgt daraus:

$$G(\omega) = \frac{1 - j\omega RC}{1 + (\omega RC)^2} \tag{8.2}$$

Damit nun auch der Zähler reell wird, bildet man den Betrag von $G(\omega)$:

$$|G(\omega)| = \sqrt{Re\{G(\omega)\}^2 + Im\{G(\omega)\}^2}$$

Der Nenner kann dabei unverändert stehengelassen werden, da er schon reell ist.

$$|G(\omega)| = \frac{\sqrt{1^2 + (-\omega RC)^2}}{1 + (\omega RC)^2} = \frac{\sqrt{1 + (\omega RC)^2}}{1 + (\omega RC)^2}$$

Der Amplitudengang lautet also:

$$\boxed{\frac{|U_A|}{|U_E|} = |G(\omega)| = \frac{1}{\sqrt{1 + (\omega RC)^2}}} \tag{8.3}$$

Aus Kapitel 6 wissen wir, daß folgendes gilt (a, b, c reell):

$$G(\omega) = \frac{c}{a \pm jb} \Rightarrow |G(\omega)| = \frac{|c|}{\sqrt{a^2 + b^2}}$$

Man hätte demnach Gl. (8.3) unmittelbar aus Gl. (8.1) erhalten können, was der Anschaulichkeit halber hier noch einmal ignoriert wurde. Zur grafischen Darstellung des Amplitudengangs (Abb. 8.4) wird ω sinnvollerweise durch $2\pi f$ ersetzt.

8.3 –3 dB-Grenzfrequenz

Die Grenzfrequenz f_g einer Schaltung ist dadurch definiert, daß bei ihr der Betrag der Ausgangsspannung um den Faktor $\frac{1}{\sqrt{2}} = 0,7071...$ kleiner ist als der Betrag der Eingangsspannung. Man nennt dies auch die $-3\,dB$-Grenzfrequenz, da folgendes gilt:

$$-3\,dB = 20 \cdot \log \frac{|U_A|}{|U_E|} \quad \Rightarrow \quad \frac{|U_A|}{|U_E|} = 10^{-0,15} = 0,7079... \approx \frac{1}{\sqrt{2}}$$

Für den Tiefpaß erhalten wir mit Gl. (8.3):

$$\frac{|U_A|}{|U_E|} = |G(\omega_g)| = \frac{1}{\sqrt{1+(\omega_g RC)^2}} = \frac{1}{\sqrt{2}}$$

$$\Rightarrow \quad 1 + (\omega_g RC)^2 = 2 \quad \Rightarrow \quad \omega_g = \frac{1}{RC}$$

In der Einheit Hertz $[Hz]$ lautet die Grenzfrequenz somit:

$$\boxed{f_g = \frac{1}{2\pi RC}} \tag{8.4}$$

8.4 Phasengang

Es ist erwähnt worden, daß bei der Berechnung des Amplitudengangs die Information über die Phasenverschiebung ϕ zwischen U_E und U_A verlorengeht. Durch die Zerlegung in Real- und Imaginärteil in Gl. (8.2) war die Phasenverschiebung aber – quasi nebenbei – schon berechnet worden, denn es gilt:

$$\phi(\omega) = arctan\left(\frac{Im\{G(\omega)\}}{Re\{G(\omega)\}}\right) = arctan\left(\frac{-\omega RC}{1}\right)$$

$$\phi(\omega) = arctan(-\omega RC) = -arctan(\omega RC)$$

Bei der Berechnung des $arctan(x)$ ist zu beachten, daß Programmiersprachen in der Regel das Ergebnis im Bogenmaß $[rad]$ liefern. Möchte man die Phasenverschiebung in Grad $[^o]$ erhalten, so ist zu berechnen:

$$\boxed{\phi(\omega) = -\frac{180^o}{\pi} \cdot arctan(\omega RC)} \tag{8.5}$$

Einen typischen Verlauf des Phasengangs zeigt Abb. 8.5.

8.5 Pulsantwort

Es soll nun berechnet werden, was der Tiefpaß aus einem Rechteckpuls der Länge τ und der Höhe $|U_E|$ macht.
Dazu ist die *Laplace-Transformation* notwendig. Wir führen die vier Schritte aus Kapitel 7 durch:

1. Die Übertragungsfunktion haben wir mit Gl. (8.1) bereits berechnet.

2. In Gl. (8.1) ersetzen wir $j\omega$ durch s:

$$G(s) = \frac{1}{1+sRC} = \frac{1/RC}{s+1/RC} = \frac{\omega_g}{s+\omega_g}$$

Im Nenner sollte die höchste Potenz von s den Vorfaktor 1 haben, da dies bei den tabellierten Laplace-Transformierten im Anhang auch der Fall ist.

3. Als Eingangsspannung haben wir den in Abb. 8.2 gezeigten Rechteckpuls gewählt.

Die zugehörige Laplace-Transformierte lautet (siehe Kapitel 7.3):

$$U_E(t) \circ\!\!-\!\!\!-\!\!\bullet \; U_E(s) = |U_E| \, \frac{1-e^{-\tau s}}{s}$$

4. Die Laplace-transformierte Ausgangsspannung lautet dann:

$$U_A(s) = U_E(s) \cdot G(s) = |U_E| \, \omega_g \left(\frac{1}{s(s+\omega_g)} - \frac{e^{-\tau s}}{s(s+\omega_g)} \right) \tag{8.6}$$

Abbildung 8.2: Rechteckpuls als Eingangsspannung

Im Anhang sucht man nun die Laplace-Transformierte der Form $\frac{1}{s(s+k)}$.

Man findet dort die korrespondierende Rücktransformierte, d. h. die zugehörige Funktion im Zeitbereich:

$$\frac{1}{s(s+k)} \quad \bullet\!\!-\!\!\!-\!\!\circ \quad \frac{1}{k}\left(1-e^{-kt}\right)$$

Der zweite Term in Gl. (8.6) hat die gleiche Rücktransformierte, jedoch um die Pulsdauer τ verschoben:

$$\frac{e^{-\tau s}}{s(s+k)} \quad \bullet\!\!-\!\!\!-\!\!\circ \quad \frac{1}{k}\left(1-e^{-k(t-\tau)}\right)\cdot\sigma(t-\tau)$$

Die Sprungfunktion $\sigma(t-\tau)$ sorgt dafür, daß der zweite Term erst ab dem Zeitpunkt τ wirksam wird. Dies ist eine typische Anwendung des Verschiebungssatzes.
In diesem Fall entspricht k gerade der Grenzfrequenz ω_g.
Der *zeitliche Verlauf der Ausgangsspannung* - also die Rücktransformierte von Gl. (8.6) - kann nun vollständig hingeschrieben werden:

$$\boxed{U_A(t) = |U_E| \left[\left(1-e^{-\omega_g t}\right) - \sigma(t-\tau)\cdot\left(1-e^{-\omega_g(t-\tau)}\right)\right]} \tag{8.7}$$

Mit einem Funktionsgenerator und einem Oszilloskop kann man Gl. (8.7) leicht überprüfen. Abb. 8.3 zeigt für verschiedene R-Werte typische Verläufe der Ausgangsspannung.

Bei den anderen Schaltungen werden die ausführlichen Erläuterungen dieses Kapitels weitgehend weggelassen, da dort nach dem gleichen Schema vorgegangen wird. Es sei noch einmal darauf hingewiesen, daß dieses Kapitel Voraussetzung für das Verständnis der nachfolgenden Schaltungsanalysen ist.

8.6 Bemerkungen zum Tiefpaß 1. Ordnung

Am Ende dieses Kapitels sind die Gleichungen (8.3), (8.5) und (8.7) für einen konkreten Fall grafisch dargestellt.
Das Tiefpaß-Verhalten in Abb. 8.4 ist, wie eingangs erwähnt, von 1. Ordnung, was gleichbedeutend ist mit einer Dämpfung um $-20\,dB/Dekade$. Damit ist die Steigung der Asymptote gemeint, gegen die der Amplitudengang für hohe Frequenzen läuft. Anders ausgedrückt: Befindet man sich bei Frequenzen, die höher sind als die Grenzfrequenz, dann nimmt die Ausgangsspannung um den Faktor 10 ab, wenn die Frequenz verzehnfacht wird. Dieser Zusammenhang folgt aus der *Definition des Dezibels für Spannungsverhältnisse*:

$$x\,dB = 20 \cdot \log \frac{|U_A(\omega)|}{|U_E(\omega)|} \quad \Leftrightarrow \quad \frac{|U_A(\omega)|}{|U_E(\omega)|} = 10^{x/20}$$

Zu Abb. 8.5 ist zu bemerken, daß der Phasengang bei der Grenzfrequenz gerade einen Wendepunkt aufweist. An dieser Stelle ist die Phasenverschiebung genau -45°. Man kann einen Tiefpaß daher auch als einfachen Phasenschieber verwenden. An Abb. 8.3 erkennt man, daß das Fehlen hoher Frequenzen zu Abrundungen der steilen Anstiegs- und Abfallflanke des Eingangspulses führt. Senkt man f_g weiter ab, so wird der Ausgangspuls immer breiter und flacher.

8.7 Grafische Darstellung

Die Abbildungen 8.3, 8.4 und 8.5 sind mit dem Public-Domain-Programm *GNUPLOT 3.0* (MS-DOS-Version) erstellt worden. Dieses Plot-Programm bietet u. a. die Möglichkeit, die erstellten Grafiken in LaTeX (das hier verwendete Textverarbeitungssystem) einzubinden, wie es auch im vorliegenden Text geschehen ist. Amplitudengang und Phasengang sind direkt mit *GNUPLOT* ausgerechnet und dargestellt worden. Bei der Pulsantwort wurde mit Hilfe einer Programmiersprache zunächst ein Datensatz von ca. 100 Werte-Paaren durch Gl. (8.7) erzeugt und in eine ASCII-Datei geschrieben.

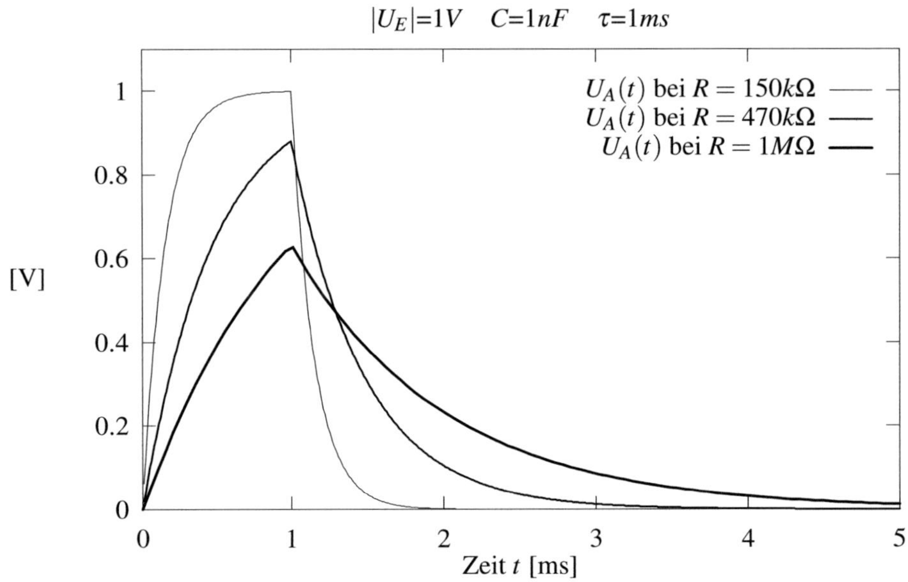

Abbildung 8.3: Tiefpaß 1. Ordnung (Pulsantwort)

Daß die Pulsantwort nicht direkt mit dem Plot-Programm dargestellt wurde, hat folgende Gründe:

1. Die Sprungfunktion $\sigma(t-\tau)$ ist bei Plot-Programmen meist nicht (unmittelbar) verfügbar.

2. Bei einigen Pulsantworten (z. B. I/U-Wandler) treten sehr große Exponenten (bis zu 4-stellig) auf. Mit modernen Versionen gängiger Programmiersprachen *(PASCAL, FORTRAN, C, BASIC)* können solche Zahlen verarbeitet werden. *GNUPLOT* läßt nur 2-stellige Exponenten zu, kann aber –

wie die meisten Plot-Programme – Datensätze in Form von ASCII-Dateien einlesen und grafisch darstellen.

Alle übrigen Abbildungen (Schaltbilder etc.) sind mit *TEXCAD*, einem Ergänzungsprogramm zu LaTeX, erstellt worden.
Die Bemerkungen in diesem Unterkapitel scheinen zwar sehr speziell auf dieses Buch zugeschnitten zu sein, die erwähnte Software ist jedoch im universitären Bereich sehr verbreitet. Und jeder, der eine wissenschaftliche Publikation vornimmt, wird sich in besonderem Maße für die Möglichkeiten zur Erzeugung von Texten mit eingebundenen Grafiken interessieren. Für Studenten sind dabei die von den Rechenzentren zur Verfügung gestellten, kostenlosen Public-Domain-Programme besonders attraktiv.

8.8 Anstiegszeit

Eine gerne verwendete Kenngröße zur Angabe der Signalübertragungsgeschwindigkeit eines Bauteils oder einer Schaltung ist die *Anstiegszeit* (engl. *rise time*). Sie ist dadurch definiert, daß die Sprungantwort in dieser Zeit von 10% auf 90% ihres Endwertes (bei $t \rightarrow \infty$) zunimmt. Für den häufig vorkommenden Fall, daß die Sprungantwort einen einfachen exponentiellen Verlauf aufweist, also beispielsweise beim Tiefpaß 1. Ordnung, läßt sich ein griffiger Zusammenhang zwischen Grenzfrequenz f_g und Anstiegszeit t_a herstellen. Dazu wird die (auf 1 normierte) Sprungfunktion logarithmiert:

$$\left(1-e^{-\omega_g t_1}\right)=0,1 \quad \Rightarrow \quad \ln 1+\omega_g t_1=\ln 0,1 \tag{8.8}$$

$$\left(1-e^{-\omega_g t_2}\right)=0,9 \quad \Rightarrow \quad \ln 1+\omega_g t_2=\ln 0,9 \tag{8.9}$$

Als handliche Näherung ergibt sich daraus für die Anstiegszeit:

$$\boxed{t_a=t_2-t_1=\frac{\ln 0,9-\ln 0,1}{\omega_g}\approx\frac{2,197}{2\pi f_g}\approx\frac{0,35}{f_g}} \tag{8.10}$$

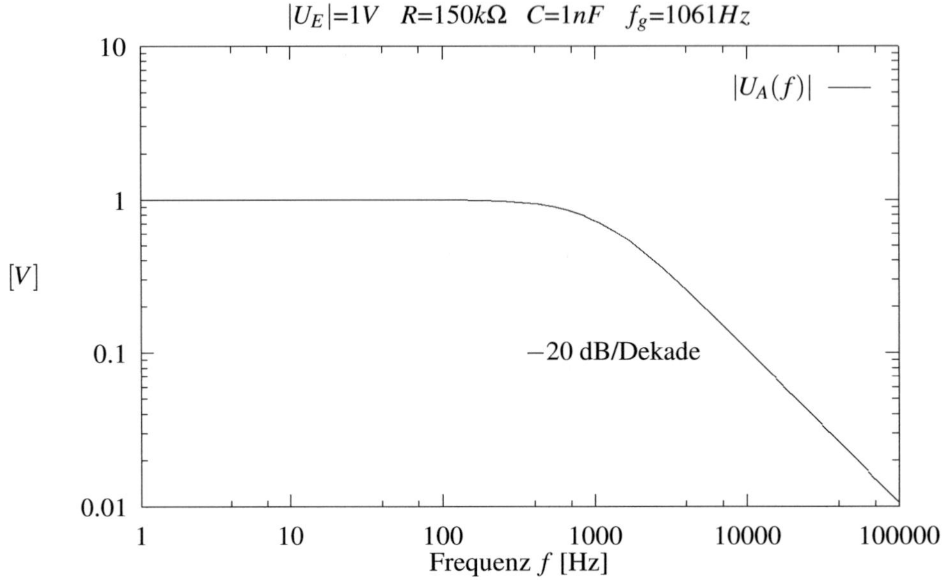

Abbildung 8.4: Tiefpaß 1. Ordnung (Amplitudengang)

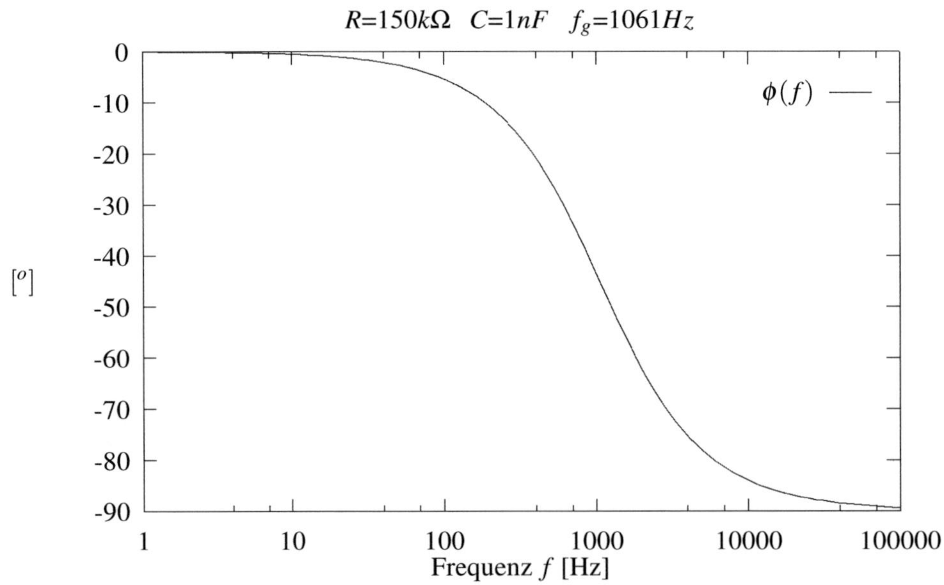

Abbildung 8.5: Tiefpaß 1. Ordnung (Phasengang)

9 Weitere passive Tiefpässe

9.1 Gekoppelter Tiefpaß 2. Ordnung

Diese Version des passiven Tiefpasses, bei der zwei identische Tiefpässe 1. Ordnung hintereinander geschaltet werden, ist bereits in den Kapiteln 5 und 6 zu Demonstrationszwecken analysiert worden. Einige Ergebnisse können daher direkt angegeben werden:

Übertragungsfunktion

$$\boxed{G(\omega) = \frac{1}{1-(\omega RC)^2 + j3\omega RC}} \tag{9.1}$$

Amplitudengang

$$\boxed{\frac{|U_A|}{|U_E|} = |G(\omega)| = \frac{1}{\sqrt{\left(1-(\omega RC)^2\right)^2 + 9(\omega RC)^2}}} \tag{9.2}$$

Grenzfrequenz

$$|G(\omega_g)| = \frac{1}{\sqrt{2}} \quad \Rightarrow \quad \left(1-(\omega_g RC)^2\right)^2 + 9(\omega_g RC)^2 = 2$$

Durch die Substitution $x = (\omega_g RC)^2$ und die Anwendung der Lösungsformel für quadratische Gleichungen (siehe Anhang) erhält man die einzige positive, reelle Lösung der obigen Gleichung:

$$\boxed{f_g = \frac{\omega_g}{2\pi} = \frac{\sqrt{\sqrt{53}-7}}{2\pi RC\sqrt{2}} = \frac{1}{2\pi RC \cdot 2,672}} \tag{9.3}$$

Die Grenzfrequenz liegt also beträchtlich niedriger als bei einem einstufigen Tiefpaß mit denselben Werten für R und C.

Phasengang

$$\phi(\omega) = -\frac{180^o}{\pi} \cdot arctan\left(\frac{3\omega RC}{1-(\omega RC)^2}\right) - 180^o \cdot \sigma\left(\omega - \frac{1}{RC}\right) \qquad (9.4)$$

Die ungerade Polstelle im Argument der *arctan*-Funktion wird durch den Phasensprung um -180° bei $\omega = \frac{1}{RC}$ kompensiert.

Amplituden- und Phasengang des gekoppelten Tiefpasses 2. Ordnung sind am Ende von Kapitel 6 grafisch dargestellt.

Pulsantwort
Aus $G(\omega)$ ergibt sich mit $s = j\omega$:

$$G(s) = \frac{1}{s^2(RC)^2 + s3RC + 1} = \frac{1}{(RC)^2} \cdot \frac{1}{s^2 + \frac{3}{RC}s + \frac{1}{(RC)^2}}$$

Die Laplace-transformierte Ausgangsspannung lautet:

$$U_A(s) = U_E(s) \cdot G(s) = \frac{|U_E|}{(RC)^2} \cdot \frac{1 - e^{-\tau s}}{s\left(s^2 + \frac{3}{RC}s + \frac{1}{(RC)^2}\right)} \qquad (9.5)$$

Es wird also folgende Korrespondenz benötigt:

$$\frac{1}{s\left(s^2 + 2k_1 s + {k_2}^2\right)} \quad \bullet\!\!-\!\!\!-\!\!\circ \quad \frac{1}{{k_2}^2}\left[1 - e^{-k_1 t}\left\{\frac{k_1}{k_3} sinh(k_3 t) + cosh(k_3 t)\right\}\right]$$

$$\text{mit:} \quad k_3 = \sqrt{{k_1}^2 - {k_2}^2}$$

Die Korrespondenz gilt nur für ${k_1}^2 - {k_2}^2 > 0$, was hier in jedem Fall erfüllt ist, da:

$$k_1 = \frac{3}{2RC}, \quad k_2 = \frac{1}{RC} \quad \text{und} \quad k_3 = \frac{\sqrt{1,25}}{RC}$$

Die Rücktransformation von Gl. (9.5) liefert demnach folgende Pulsantwort:

$$U_A(t) = |U_E| \left[1 - e^{-k_1 t}\left\{\frac{k_1}{k_3} sinh(k_3 t) + cosh(k_3 t)\right\}\right.$$
$$\left. -\sigma(t-\tau)\left(1 - e^{-k_1(t-\tau)}\left\{\frac{k_1}{k_3} sinh(k_3(t-\tau)) + cosh(k_3(t-\tau))\right\}\right)\right] \tag{9.6}$$

9.2 Entkoppelter Tiefpaß 2. Ordnung

Es wird der Spezialfall $R_1C_1 = R_2C_2$ vorausgesetzt. Das Resultat dieser Einschränkung ist eine Reihenschaltung zweier Tiefpässe mit gleicher Grenzfrequenz. Um die Tiefpässe als *entkoppelt* betrachten zu können, darf der

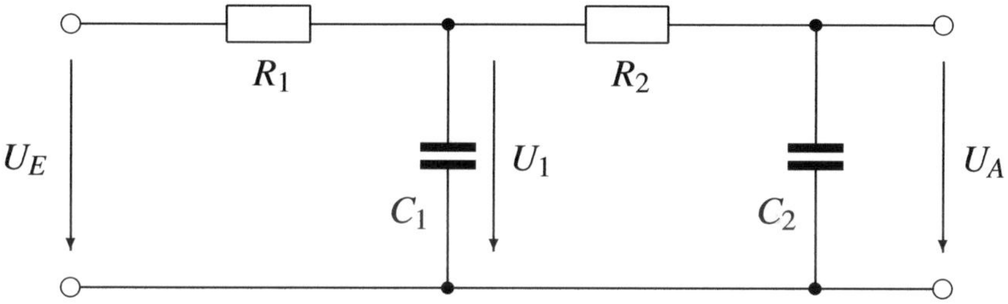

Abbildung 9.1: Entkoppelter 2-stufiger Tiefpaß

erste Tiefpaß durch den zweiten nicht belastet werden, was folgender Forderung entspricht:

$$|X_{C_1}| \ll |R_2 + X_{C_2}| \quad \Leftrightarrow \quad \frac{1}{\omega C_1} \ll \sqrt{{R_2}^2 + \frac{1}{(\omega C_2)^2}}$$

$$\Rightarrow \quad \frac{1}{(\omega C_1)^2} \ll {R_2}^2 + \frac{1}{(\omega C_2)^2}$$

Diese Bedingung ist unabhängig von R_2 und der Frequenz immer erfüllt, wenn $C_2 \ll C_1$ ist (*Entkopplungsbedingung*).
Wir wählen $C_2 = C_1/10$ und $R_2 = R_1 \cdot 10$, womit die Entkopplungsbedingung erfüllt ist *und* die Grenzfrequenzen der beiden Einzeltiefpässe gleich sind.

Übertragungsfunktion
Die Hilfsspannung U_1 dient dazu, die Übertragungsfunktionen der Einzeltiefpässe aufstellen zu können; mit der Spannungsteiler-Regel ergibt sich:

$$\frac{U_1}{U_E} = G_1(\omega) = \frac{1}{1 + j\omega R_1 C_1}, \quad \frac{U_A}{U_1} = G_2(\omega) = \frac{1}{1 + j\omega R_2 C_2}$$

Wegen der Entkopplung können die Übertragungsfunktionen zur Ermittlung der Gesamtübertragungsfunktion einfach multipliziert werden:

$$\frac{U_A}{U_E} = G(\omega) = G_1(\omega) \cdot G_2(\omega) = \frac{1}{(1 + j\omega R_1 C_1)(1 + j\omega R_2 C_2)}$$

$$\boxed{\frac{U_A}{U_E} = G(\omega) = \frac{1}{\left(1 + j\frac{\omega}{\omega_0}\right)^2} \quad \text{mit:} \quad \omega_0 = \frac{1}{R_1 C_1} = \frac{1}{R_2 C_2}} \tag{9.7}$$

Die höchste Potenz von ω im Nenner ist 2, daher ist dieser Tiefpaß (ebenso wie der 2-stufige, gekoppelte) von 2. Ordnung. Bei passiven, mehrstufigen Tiefpässen ist die Anzahl der Stufen immer identisch mit der Ordnung.

Amplitudengang
Gemäß Gl. (6.5) wird der Betrag von $G(\omega)$ gebildet:

$$G(\omega) = \frac{1}{1 - \left(\frac{\omega}{\omega_0}\right)^2 + j2\frac{\omega}{\omega_0}} \quad \Rightarrow \quad |G(\omega)| = \frac{1}{\sqrt{\left(1 - \left(\frac{\omega}{\omega_0}\right)^2\right)^2 + 4\left(\frac{\omega}{\omega_0}\right)^2}}$$

$$\boxed{\frac{|U_A|}{|U_E|} = |G(\omega)| = \frac{1}{1 + \left(\frac{\omega}{\omega_0}\right)^2}} \tag{9.8}$$

Wegen $|\underline{z}_1 \cdot \underline{z}_2| = |\underline{z}_1| \cdot |\underline{z}_2|$ erhält man $|G(\omega)|$ auch, wenn der Amplitudengang der ersten Tiefpaß-Stufe einfach quadriert wird.

Grenzfrequenz

$$|G(\omega_g)| = \frac{1}{\sqrt{2}} \quad \Rightarrow \quad 1 + \left(\frac{\omega_g}{\omega_0}\right)^2 = \sqrt{2}$$

$$f_g = \frac{\omega_g}{2\pi} = \frac{\omega_0}{2\pi}\sqrt{\sqrt{2}-1} = \frac{\omega_0}{2\pi \cdot 1,554} \tag{9.9}$$

Die Gesamtgrenzfrequenz des 2-stufigen entkoppelten Tiefpasses ist (bei gleichen *RC*-Werten) um den Faktor 1,7 größer als die des 2-stufigen gekoppelten Tiefpasses (vgl. Kapitel 9.1).

Phasengang

$$G(\omega) = \frac{1}{1 - \left(\frac{\omega}{\omega_0}\right)^2 + j2\frac{\omega}{\omega_0}} = \frac{1 - \left(\frac{\omega}{\omega_0}\right)^2 - j2\frac{\omega}{\omega_0}}{1 + \left(\frac{\omega}{\omega_0}\right)^2}$$

$$\begin{aligned} \phi(\omega) &= -\frac{180^o}{\pi} \cdot arctan\left(\frac{2\frac{\omega}{\omega_0}}{1 - \left(\frac{\omega}{\omega_0}\right)^2}\right) - 180^o \cdot \sigma(\omega - \omega_0) \\ &= -2 \cdot \frac{180^o}{\pi} \cdot arctan\left(\frac{\omega}{\omega_0}\right) \end{aligned} \tag{9.10}$$

Hier wird die in Kapitel 2.4 beschriebene *arctan*-Identität verwendet.

Pulsantwort
Aus $G(\omega)$ folgt mit $s = j\omega$:

$$G(s) = \frac{1}{\left(1 + s\frac{1}{\omega_0}\right)^2} = \frac{{\omega_0}^2}{(s + \omega_0)^2}$$

$$U_A(s) = U_E(s) \cdot G(s) = |U_E| \; {\omega_0}^2 \; \frac{1-e^{-\tau s}}{s(s+\omega_0)^2} \tag{9.11}$$

Die benötigte Korrespondenz lautet:

$$\frac{1}{s(s+k)^2} \quad \bullet\!\!-\!\!\!-\!\!\circ \quad \frac{1}{k^2}\left[1-e^{-kt}\,(kt+1)\right]$$

Durch die Rücktransformation von $U_A(s)$ erhält man die Pulsantwort:

$$\begin{aligned} U_A(t) = |U_E| \; \Big[1 - e^{-\omega_0 t}\,(\omega_0 t+1) \\ -\sigma(t-\tau)\left\{1-e^{-\omega_0(t-\tau)}\,(\omega_0(t-\tau)+1)\right\}\Big] \end{aligned} \tag{9.12}$$

Wenn die Einschränkung $R_1C_1 = R_2C_2$ vorgenommen wird, ist das Übertragungsverhalten des entkoppelten Tiefpasses erheblich leichter zu berechnen als das des gekoppelten Tiefpasses (jeweils 2. Ordnung). Die entkoppelte Version ist daher vorzuziehen. Ein weiterer Vorteil der Entkopplung ist die weniger ausgeprägte Absenkung der Grenzfrequenz gegenüber der Grenzfrequenz eines einstufigen Tiefpasses.

9.3 Entkoppelter Tiefpaß n-ter Ordnung

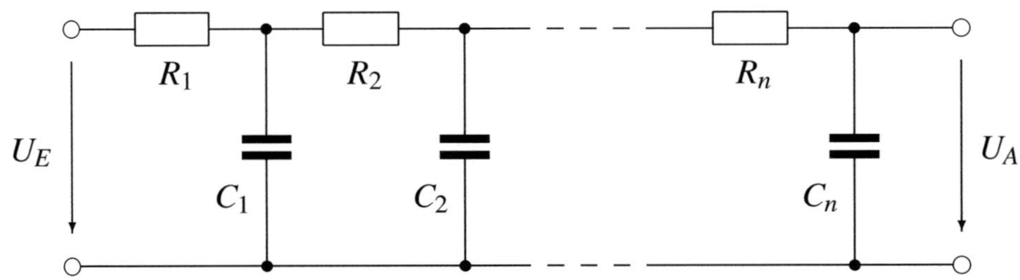

Abbildung 9.2: Reihenschaltung von n entkopp. Tiefpässen

Die Entkopplungsbedingung lautet:

$$C_n \ll \ldots \ll C_2 \ll C_1$$

Für große n-Werte kann die Entkopplungsbedingung nur noch eingehalten werden, wenn man sehr niedrige Eingangsimpedanzen und sehr hohe Ausgangsimpedanzen in Kauf nimmt. In solchen Fällen ist eine *aktive* Entkopplung durch Operationsverstärker vorzuziehen (siehe Kapitel 13.1 und 15.3). Es können dann alle Tiefpaß-Stufen identisch aufgebaut werden.
Das in diesem Kapitel berechnete Übertragungsverhalten ist auch bei aktiver Entkopplung gültig, da die zur Entkopplung verwendeten Operationsverstärker als Impedanzwandler geschaltet sind und daher das Signal nicht beeinflussen.

Übertragungsfunktion

$$\frac{\underline{U}_A}{\underline{U}_E} = \underline{G}(\omega) = \frac{1}{\left(1 + j\frac{\omega}{\omega_0}\right)^n}, \quad \omega_0 = \frac{1}{R_1C_1} = \frac{1}{R_2C_2} = \ldots = \frac{1}{R_nC_n} \tag{9.13}$$

Bei Übertragungsfunktionen dieser Art spricht man auch von *Gauß-Charakteristik* oder *kritischer Dämpfung*.

Amplitudengang
Wegen $|\underline{z}_1 \cdot \underline{z}_2| = |\underline{z}_1| \cdot |\underline{z}_2|$ genügt es, den Amplitudengang des Tiefpasses 1. Ordnung mit n zu potenzieren.

$$\frac{|\underline{U}_A|}{|\underline{U}_E|} = |\underline{G}(\omega)| = \frac{1}{\left(\sqrt{1 + \left(\frac{\omega}{\omega_0}\right)^2}\right)^n} \tag{9.14}$$

Grenzfrequenz

$$|\underline{G}(\omega_g)| = \frac{1}{\sqrt{2}} \quad \Rightarrow \quad \left(\sqrt{1 + \left(\frac{\omega_g}{\omega_0}\right)^2}\right)^n = \sqrt{2}$$

$$f_g = \frac{\omega_g}{2\pi} = \frac{\sqrt{\sqrt[n]{2} - 1}}{2\pi} \cdot \omega_0 \tag{9.15}$$

Phasengang

Wegen der Entkopplung können die Phasenverschiebungen der einzelnen Tiefpaß-Stufen einfach addiert werden.

$$\phi(\omega) = -\, n \cdot \frac{180^o}{\pi} \cdot arctan\left(\frac{\omega}{\omega_0}\right) \tag{9.16}$$

Pulsantwort

Aus $G(\omega)$ folgt mit $s = j\omega$:

$$G(s) = \left(\frac{1}{1 + \frac{s}{\omega_0}}\right)^n = \frac{{\omega_0}^n}{(s + \omega_0)^n}$$

Laplace-transformierte Ausgangsspannung:

$$U_A(s) = U_E(s) \cdot G(s) = |U_E| \; {\omega_0}^n \; \frac{1 - e^{-\tau s}}{s(s + \omega_0)^n}$$

Die benötigte Korrespondenz lautet:

$$\frac{1}{s(s+k)^n} \quad \bullet\!\!-\!\!\!-\!\!\circ \quad \frac{1}{k^n}\left(1 - e^{-kt} \cdot \sum_{i=0}^{n-1} \frac{(kt)^i}{i!}\right)$$

Durch Rücktransformation von $U_A(s)$ erhält man mit $k = \omega_0$ die Pulsantwort:

$$U_A(t) = |U_E| \left[1 - e^{-\omega_0 t} \cdot \sum_{i=0}^{n-1} \frac{(\omega_0 t)^i}{i!} - \sigma(t - \tau)\left(1 - e^{-\omega_0 (t-\tau)} \cdot \sum_{i=0}^{n-1} \frac{(\omega_0 (t-\tau))^i}{i!}\right)\right] \tag{9.17}$$

Mit zunehmender Ordnung n wird der Puls flacher und breiter. Es tritt in keinem Fall Überschwingen auf.

Aktive Tiefpässe *mit kritischer Dämpfung* (Kapitel 15.3) besitzen dasselbe Übertragungsverhalten wie passive *entkoppelte* Tiefpässe. Am Ende von Kapitel 15.3 befinden sich die auch hier gültigen grafischen Darstellungen von Amplitudengang, Phasengang und Pulsantwort.

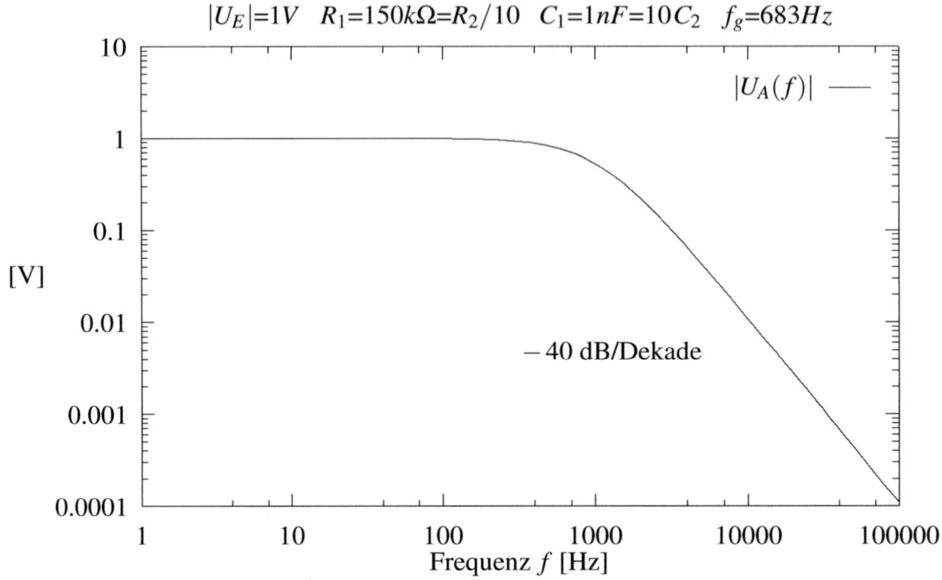

Abbildung 9.3: Entkopp. Tiefpaß 2. Ordnung (Amplitudengang)

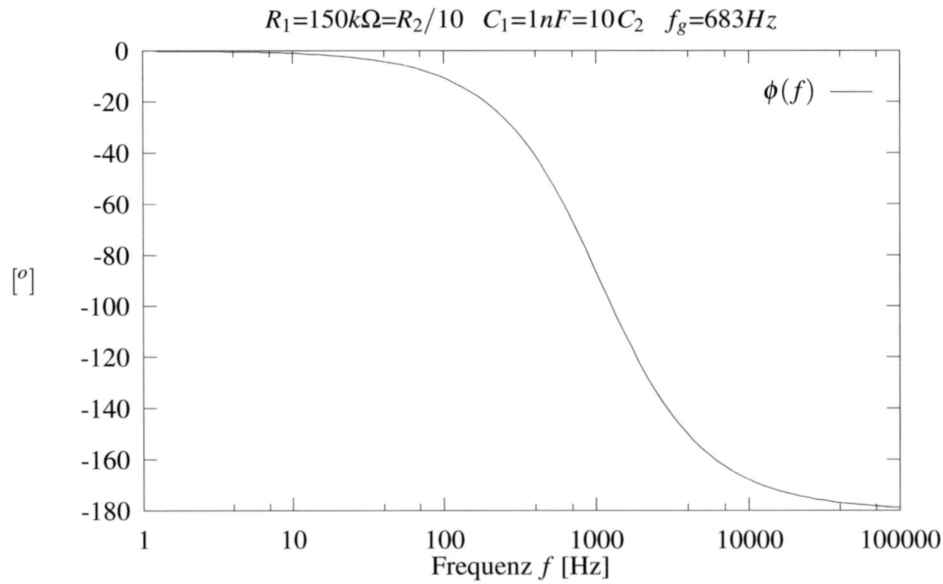

Abbildung 9.4: Entkopp. Tiefpaß 2. Ordnung (Phasengang)

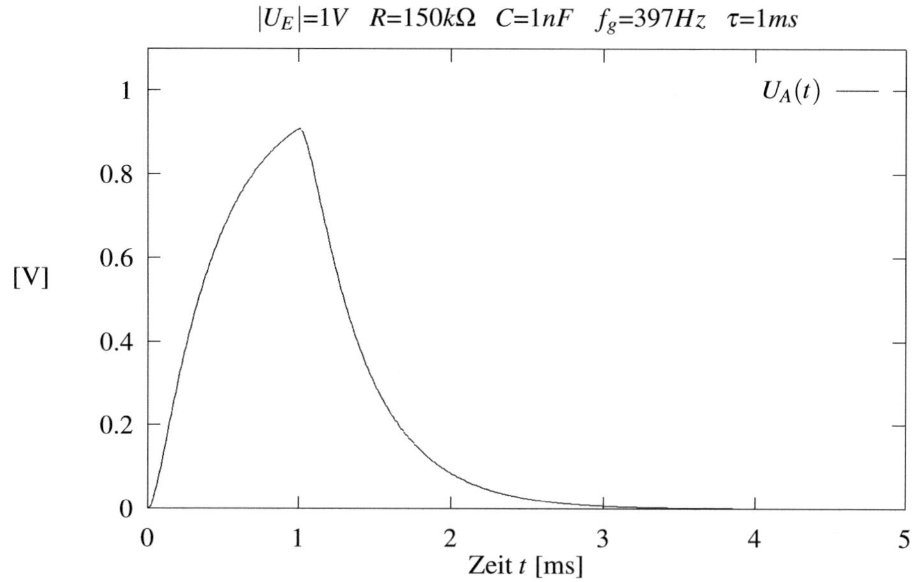

Abbildung 9.5: Gekopp. Tiefpaß 2. Ordnung (Pulsantwort)

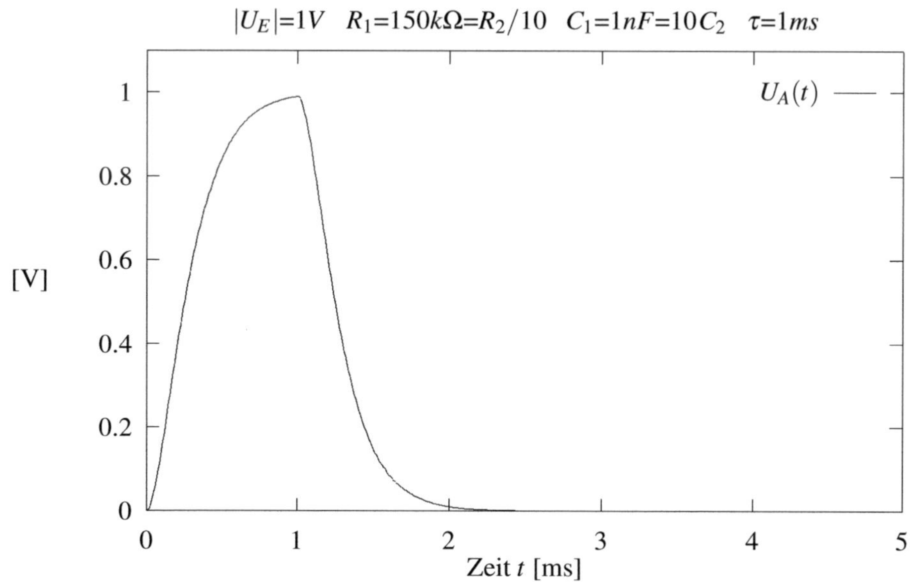

Abbildung 9.6: Entkopp. Tiefpaß 2. Ordnung (Pulsantwort)

10 Passive Hochpässe

10.1 Hochpaß 1. Ordnung

Den einfachsten Hochpaß erhält man, wenn beim passiven Tiefpaß 1. Ordnung R und C vertauscht werden.

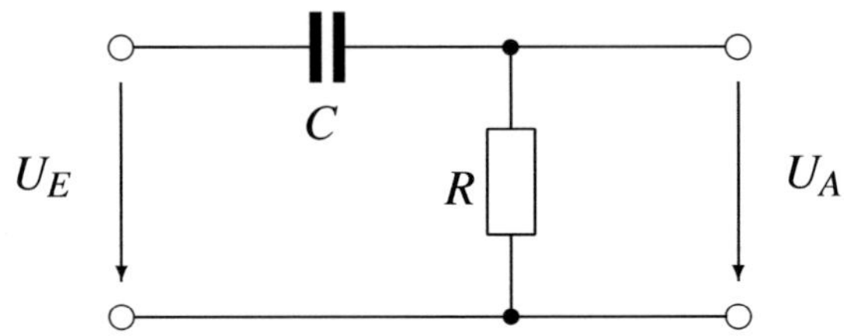

Abbildung 10.1: Passiver Hochpaß 1. Ordnung

Der Spannungsabfall am Widerstand R und damit die Ausgangsspannung ist um so größer, je geringer die Spannung am Kondensator C ist. Für hochfrequente Eingangsspannungen stellt der Kondensator einen Kurzschluß dar, d. h. der größte Teil der Spannung liegt am Widerstand an. Niederfrequente Eingangsspannungen fallen hingegen größtenteils am Kondensator ab.

Übertragungsfunktion
Mit der Spannungsteiler-Regel ergibt sich:

$$G(\omega) = \frac{U_A}{U_E} = \frac{R}{R + X_C} = \frac{R}{R + \frac{1}{j\omega C}} \quad \Rightarrow \quad \boxed{\frac{U_A}{U_E} = G(\omega) = \frac{j\omega RC}{1 + j\omega RC}} \tag{10.1}$$

Die Ordnung dieser Übertragungsfunktion ist gemäß der Definition in Kapitel 5 gleich 1. Wie beim Tiefpaß 1. Ordnung beträgt die Dämpfung daher -20 dB/Dekade, hier allerdings mit sinkender Frequenz und für den Bereich $f \ll f_g$.

Amplitudengang
Mit Gl. (6.5) folgt aus $G(\omega)$ unmittelbar:

$$\boxed{\frac{|U_A|}{|U_E|} = |G(\omega)| = \frac{\omega RC}{\sqrt{1+(\omega RC)^2}}} \tag{10.2}$$

Grenzfrequenz

$$|G(\omega_g)| = \frac{1}{\sqrt{2}} \qquad \Rightarrow \qquad 1+(\omega_g RC)^2 = 2(\omega_g RC)^2$$

$$\boxed{f_g = \frac{\omega_g}{2\pi} = \frac{1}{2\pi RC}} \tag{10.3}$$

Der Hochpaß 1. Ordnung besitzt also die gleiche Grenzfrequenz wie der Tiefpaß 1. Ordnung, wenn R und C bei beiden Schaltungen gleich sind. Spiegelt man den Amplitudengang des Tiefpasses an einer senkrechten Achse, die durch die Grenzfrequenz verläuft, erhält man den Amplitudengang des Hochpasses.

Phasengang
Wird $G(\omega)$ in Real- und Imaginärteil zerlegt, dann ergibt sich daraus unmittelbar der Phasengang:

$$G(\omega) = \frac{j\omega RC(1-j\omega RC)}{(1+j\omega RC)(1-j\omega RC)} = \frac{\omega RC(\omega RC + j)}{1+(\omega RC)^2} \qquad \Rightarrow$$

$$\boxed{\phi(\omega) = \frac{180^o}{\pi} \cdot arctan\left(\frac{1}{\omega RC}\right)} \tag{10.4}$$

Pulsantwort
Aus $G(\omega)$ ergibt sich mit $s = j\omega$:

$$G(s) = \frac{sRC}{1+sRC} = \frac{s}{s+\frac{1}{RC}} = \frac{s}{s+\omega_g}$$

Die Laplace-transformierte Ausgangsspannung lautet:

$$U_A(s) = U_E(s) \cdot G(s) = |U_E|\,\frac{1-e^{-\tau s}}{s} \cdot \frac{s}{s+\omega_g} = |U_E|\,\frac{1-e^{-\tau s}}{s+\omega_g}$$

$$\text{Korrespondenz:} \quad \frac{1}{s+k} \quad \bullet\!\!-\!\!-\!\!\circ \quad e^{-kt}$$

Der zeitliche Verlauf der Ausgangsspannung (Pulsantwort) lautet:

$$\boxed{U_A(t) = |U_E|\,\left[e^{-\omega_g t} - \sigma(t-\tau)\,e^{-\omega_g(t-\tau)}\right]} \qquad (10.5)$$

Die grafischen Darstellungen von Amplituden- und Phasengang sowie der Pulsantwort befinden sich am Ende des Kapitels.

10.2 Entkoppelter Hochpaß 2. Ordnung

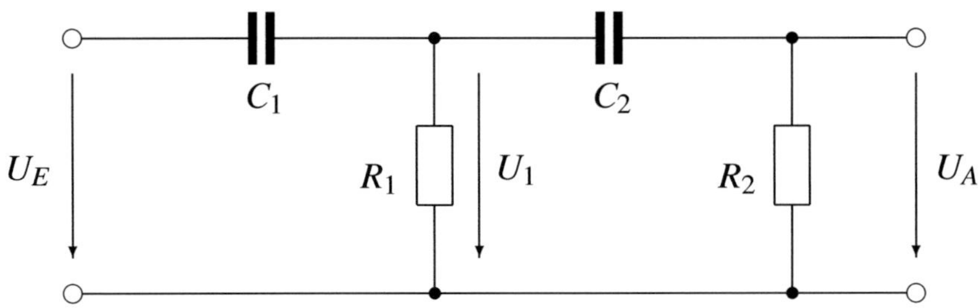

Abbildung 10.2: Entkoppelter 2-stufiger Hochpaß

Wie wir beim passiven Tiefpaß 2. Ordnung festgestellt haben, ist es hinsichtlich des Rechenaufwandes und der Gesamtgrenzfrequenz sinnvoll, eine Entkopplung bei mehrstufigen Filtern vorzunehmen. Aus diesem Grund wird hier nur der *entkoppelte* Hochpaß 2. Ordnung behandelt. Die Entkopplung ist gegeben, wenn die erste Hochpaß-Stufe durch die zweite nicht belastet wird; das entspricht folgender Forderung:

$$|R_1| \ll |R_2 + X_{C_2}| \quad \Leftrightarrow \quad R_1 \ll \sqrt{{R_2}^2 + \frac{1}{(\omega C_2)^2}}$$

$$\Rightarrow \qquad {R_1}^2 \ll {R_2}^2 + \frac{1}{(\omega C_2)^2}$$

Diese Bedingung ist unabhängig von C_2 und der Frequenz immer erfüllt, wenn $R_2 \gg R_1$ ist (*Entkopplungsbedingung*).
Wir wählen $R_2 = R_1 \cdot 10$ und $C_2 = C_1/10$, womit die Entkopplungsbedingung erfüllt ist *und* die Grenzfrequenzen der beiden Einzelhochpässe gleich sind.

Übertragungsfunktion
Analog zur Vorgehensweise beim entkoppelten Tiefpaß 2. Ordnung ergibt sich:

$$\frac{U_1}{U_E} = G_1(\omega) = \frac{j\omega R_1C_1}{1+j\omega R_1C_1}\,, \qquad \frac{U_A}{U_1} = G_2(\omega) = \frac{j\omega R_2C_2}{1+j\omega R_2C_2}$$

$$\frac{U_A}{U_E} = G(\omega) = G_1(\omega)\cdot G_2(\omega) = \frac{(j\omega)^2R_1C_1R_2C_2}{(1+j\omega R_1C_1)(1+j\omega R_2C_2)}$$

$$\boxed{\frac{U_A}{U_E} = G(\omega) = \frac{\left(j\frac{\omega}{\omega_0}\right)^2}{\left(1+j\frac{\omega}{\omega_0}\right)^2} \qquad \text{mit:} \quad \omega_0 = \frac{1}{R_1C_1} = \frac{1}{R_2C_2}} \qquad (10.6)$$

Amplitudengang
Gemäß Gl. (6.5) wird der Betrag von $G(\omega)$ gebildet:

$$G(\omega) = \frac{-\left(\frac{\omega}{\omega_0}\right)^2}{1-\left(\frac{\omega}{\omega_0}\right)^2 + j2\frac{\omega}{\omega_0}} \qquad \Rightarrow \qquad |G(\omega)| = \frac{\left(\frac{\omega}{\omega_0}\right)^2}{\sqrt{\left(1-\left(\frac{\omega}{\omega_0}\right)^2\right)^2 + 4\left(\frac{\omega}{\omega_0}\right)^2}}$$

$$\boxed{\frac{|U_A|}{|U_E|} = |G(\omega)| = \frac{1}{1+\left(\frac{\omega_0}{\omega}\right)^2}} \qquad (10.7)$$

Man erhält $|G(\omega)|$ auch, wenn der Amplitudengang eines Hochpasses 1. Ordnung einfach quadriert wird (mit: $\omega_0 = \frac{1}{RC}$).

Grenzfrequenz

$$|G(\omega_g)| = \frac{1}{\sqrt{2}} \quad \Rightarrow \quad 1 + \left(\frac{\omega_0}{\omega_g}\right)^2 = \sqrt{2}$$

$$\boxed{f_g = \frac{\omega_g}{2\pi} = \frac{\omega_0}{2\pi\sqrt{\sqrt{2}-1}} = \frac{1,554 \cdot \omega_0}{2\pi}} \tag{10.8}$$

Phasengang

Wegen der Entkopplung (aber gleicher Grenzfrequenzen) addieren sich die Phasenverschiebungen der beiden Hochpaß-Stufen.

$$\boxed{\phi(\omega) = 2 \cdot \frac{180^o}{\pi} \cdot arctan\left(\frac{\omega_0}{\omega}\right)} \tag{10.9}$$

Pulsantwort

Aus $G(\omega)$ ergibt sich mit $s = j\omega$:

$$G(s) = \frac{s^2}{\omega_0{}^2\left(1 + s\frac{1}{\omega_0}\right)^2} = \frac{s^2}{(s+\omega_0)^2}$$

$$U_A(s) = U_E(s) \cdot G(s) = |U_E| \, \frac{s(1-e^{-\tau s})}{(s+\omega_0)^2} \tag{10.10}$$

Die benötigte Korrespondenz lautet:

$$\frac{s}{(s+k)^2} \quad \bullet\!\!-\!\!\!-\!\!\!-\!\!\circ \quad e^{-kt}\,(1-kt)$$

Durch die Rücktransformation von $U_A(s)$ erhält man die Pulsantwort des entkoppelten Hochpasses 2. Ordnung:

$$U_A(t) = |U_E| \left[e^{-\omega_0 t}\,(1-\omega_0 t) - \sigma(t-\tau)\left\{ e^{\omega_0(t-\tau)}\,(1-\omega_0(t-\tau))\right\}\right] \tag{10.11}$$

10.3 Entkoppelter Hochpaß n-ter Ordnung

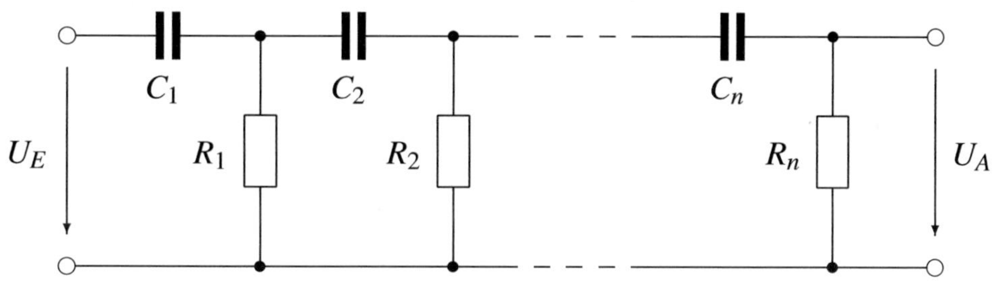

Abbildung 10.3: Reihenschaltung von n entkopp. Hochpässen

Die Entkopplungsbedingung lautet:

$$R_n \gg \ldots \gg R_2 \gg R_1$$

Die Bemerkungen zum entkoppelten Tiefpaß n-ter Ordnung bezüglich der *aktiven* Entkopplung haben auch hier Gültigkeit.

Übertragungsfunktion

$$\frac{U_A}{U_E} = G(\omega) = \left(\frac{j\frac{\omega}{\omega_0}}{1+j\frac{\omega}{\omega_0}} \right)^n \quad \text{mit:} \ \omega_0 = \frac{1}{R_1C_1} = \frac{1}{R_2C_2} = \ldots = \frac{1}{R_nC_n} \tag{10.12}$$

Amplitudengang
Wegen $|\underline{z}_1 \cdot \underline{z}_2| = |\underline{z}_1| \cdot |\underline{z}_2|$ genügt es, den Amplitudengang des Hochpasses 1. Ordnung mit n zu potenzieren:

$$\frac{|U_A|}{|U_E|} = |G(\omega)| = \left(\frac{\frac{\omega}{\omega_0}}{\sqrt{1 + \left(\frac{\omega}{\omega_0}\right)^2}} \right)^n \tag{10.13}$$

Grenzfrequenz

$$|G(\omega_g)| = \frac{1}{\sqrt{2}} \quad \Rightarrow \quad \left(\frac{\omega_0}{\omega_g} \sqrt{1 + \left(\frac{\omega_g}{\omega_0}\right)^2} \right)^n = \sqrt{2}$$

$$f_g = \frac{\omega_g}{2\pi} = \frac{\omega_0}{2\pi\sqrt{\sqrt[n]{2} - 1}} \tag{10.14}$$

Phasengang
Wegen der Entkopplung können die Phasenverschiebungen der einzelnen Hochpaß-Stufen einfach addiert werden.

$$\phi(\omega) = n \cdot \frac{180^o}{\pi} \cdot arctan\left(\frac{\omega_0}{\omega}\right) \tag{10.15}$$

Pulsantwort
Aus $G(\omega)$ folgt mit $s = j\omega$:

$$G(s) = \left(\frac{\frac{s}{\omega_0}}{1 + \frac{s}{\omega_0}} \right)^n = \frac{s^n}{(s + \omega_0)^n}$$

Laplace-transformierte Ausgangsspannung:

$$U_A(s) = U_E(s) \cdot G(s) = |U_E| \left(1 - e^{-\tau s}\right) \frac{s^n}{s(s+\omega_0)^n}$$

Die benötigte Korrespondenz lautet:

$$\frac{s^{n-1}}{(s+k)^n} \quad \bullet\!\!-\!\!\!-\!\!\circ \quad f(t)$$

Die Korrespondenz kann nicht wie beim Tiefpaß n-ter Ordnung durch eine einfache Summenformel angegeben werden.
Für $n = 1 \ldots 5$ lauten die Korrespondenzen explizit:

$$n = 1: \quad \frac{1}{s+k} \quad \bullet\!\!-\!\!\!-\!\!\circ \quad e^{-kt}$$

$$n = 2: \quad \frac{s}{(s+k)^2} \quad \bullet\!\!-\!\!\!-\!\!\circ \quad e^{-kt}\,(1-kt)$$

$$n = 3: \quad \frac{s^2}{(s+k)^3} \quad \bullet\!\!-\!\!\!-\!\!\circ \quad e^{-kt}\left(1 - 2kt + \frac{(kt)^2}{2}\right)$$

$$n = 4: \quad \frac{s^3}{(s+k)^4} \quad \bullet\!\!-\!\!\!-\!\!\circ \quad e^{-kt}\left(1 - 3kt + \frac{3(kt)^2}{2} - \frac{(kt)^3}{6}\right)$$

$$n = 5: \quad \frac{s^4}{(s+k)^5} \quad \bullet\!\!-\!\!\!-\!\!\circ \quad e^{-kt}\left(1 - 4kt + 3(kt)^2 - \frac{2(kt)^3}{3} + \frac{(kt)^4}{24}\right)$$

Durch Rücktransformation von $U_A(s)$ erhält man mit $k = \omega_0$ die Pulsantwort. Die Fälle $n = 1$ und $n = 2$ sind in den beiden vorangehenden Unterkapiteln bereits behandelt worden.

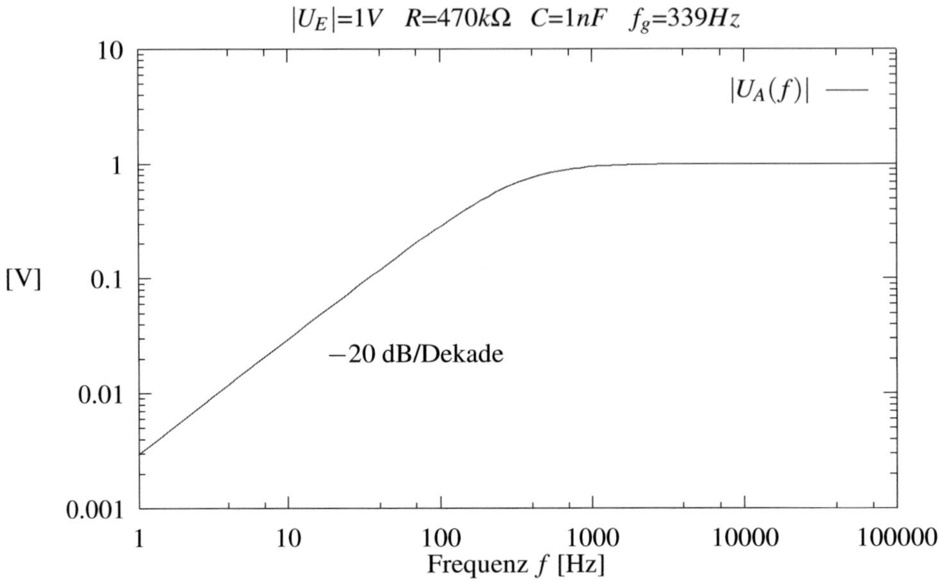

Abbildung 10.4: Hochpaß 1. Ordnung (Amplitudengang)

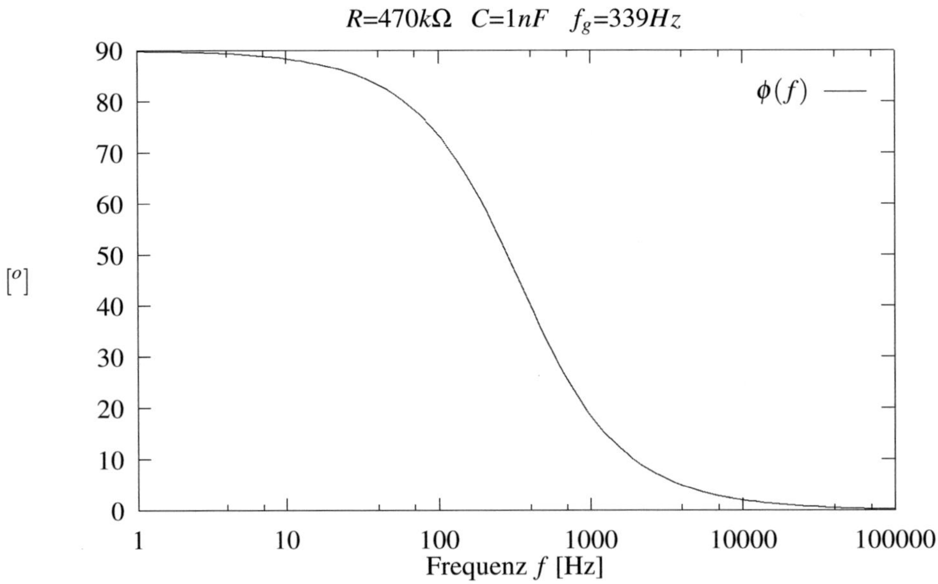

Abbildung 10.5: Hochpaß 1. Ordnung (Phasengang)

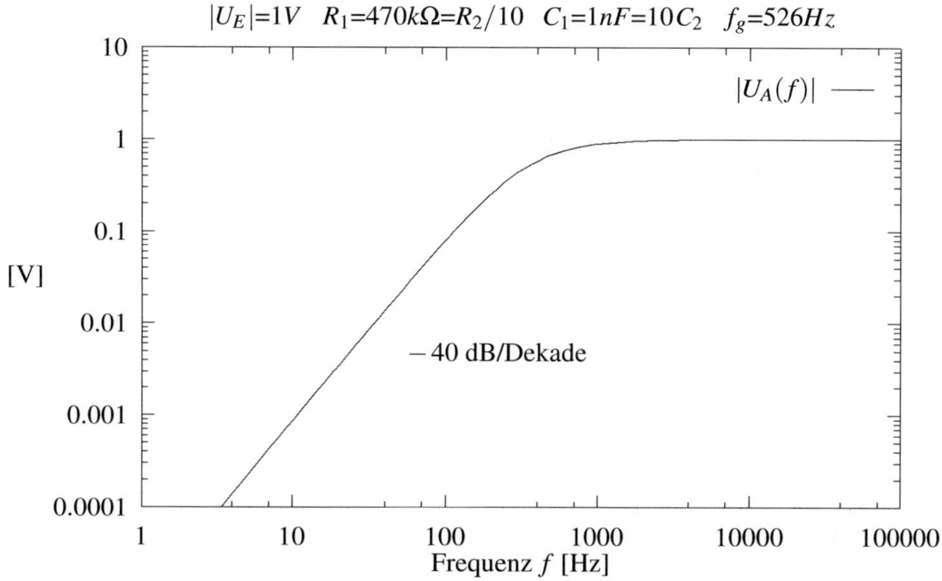

Abbildung 10.6: Entkopp. Hochpaß 2. Ordnung (Amplitudengang)

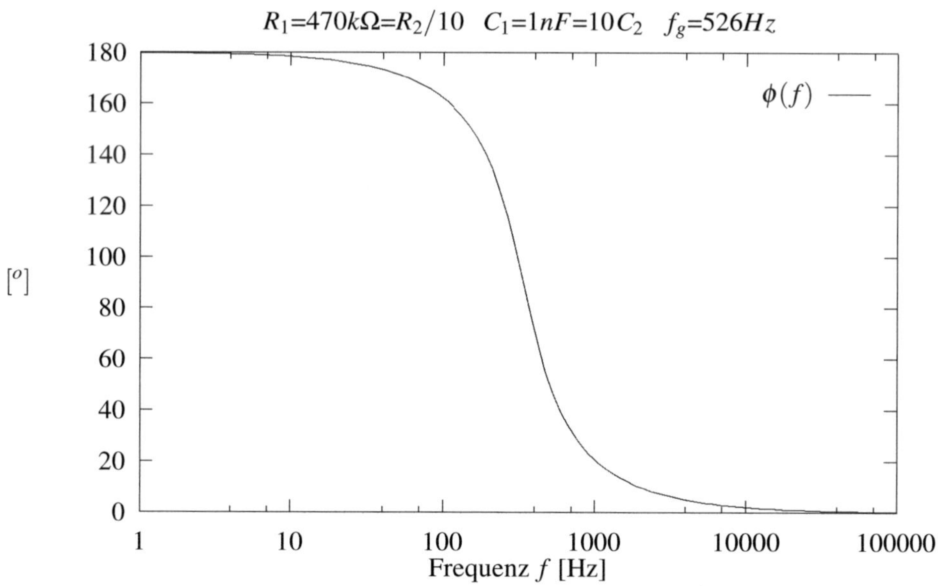

Abbildung 10.7: Entkopp. Hochpaß 2. Ordnung (Phasengang)

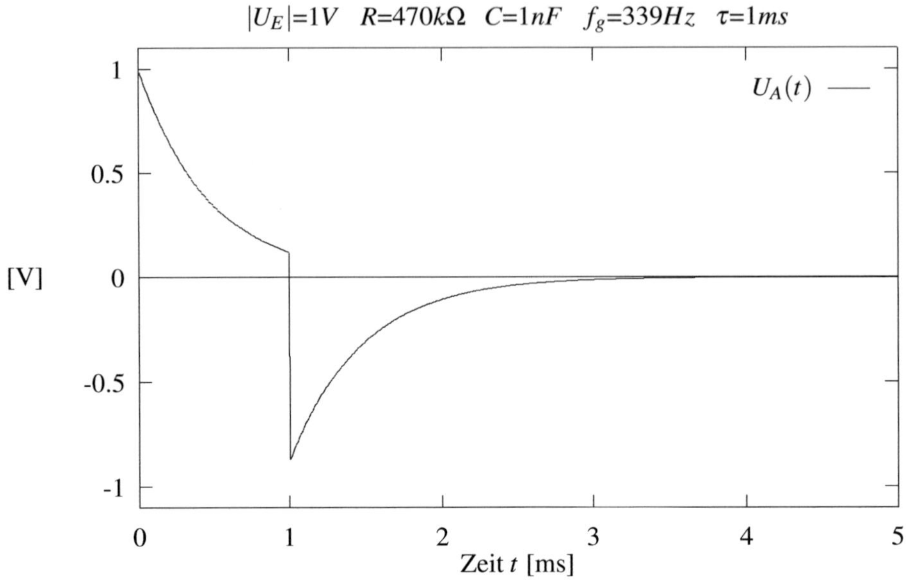

Abbildung 10.8: Hochpaß 1. Ordnung (Pulsantwort)

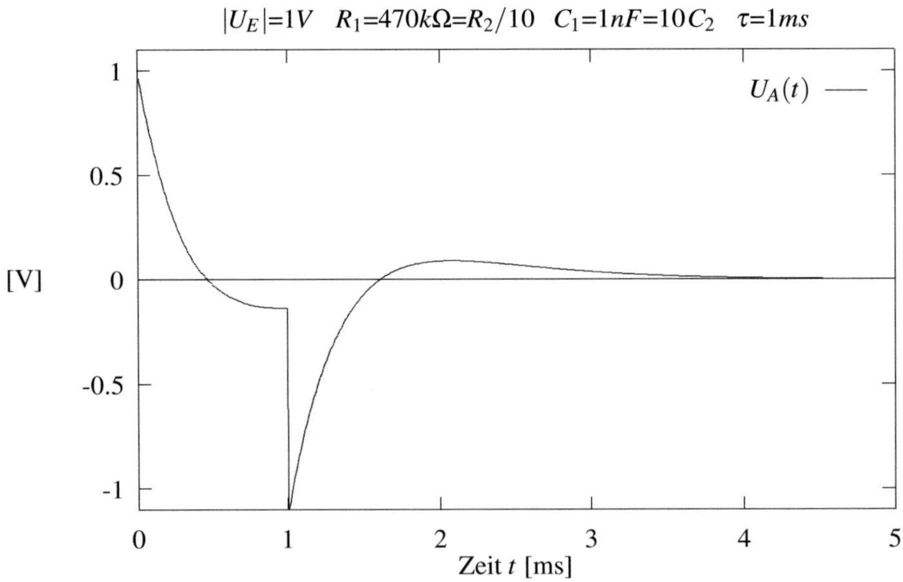

Abbildung 10.9: Entkopp. Hochpaß 2. Ordnung (Pulsantwort)

11 Passive Bandfilter

11.1 Gekoppelter RC-Bandpaß 2. Ordnung

Werden ein Tiefpaß und ein Hochpaß hintereinander geschaltet, entsteht ein Bandpaß, der sich durch ein ausgeprägtes, frequenzabhängiges Durchlässigkeitsmaximum auszeichnet.
Wenn Tief- und Hochpaß die gleichen Widerstands- und Kapazitätswerte besitzen, wird das erste Filter durch das zweite belastet. (Die Reihenfolge der Filter ist unerheblich.) Daher sind die beiden Filter als gekoppelt zu betrachten.

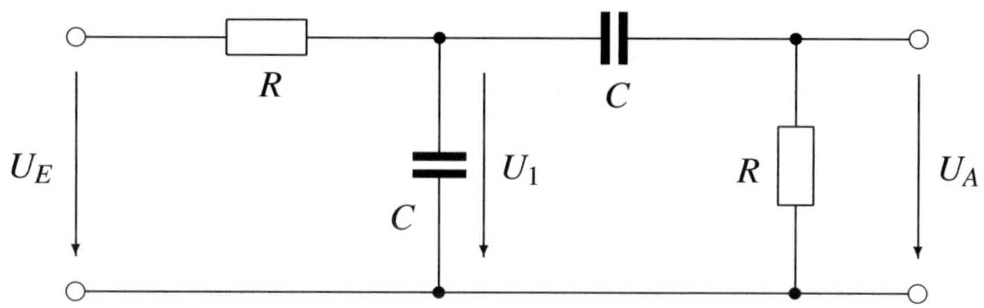

Abbildung 11.1: Gekoppelter Bandpaß 2. Ordnung

Übertragungsfunktion
Zur Berechnung von $G(\omega)$ könnte man wie in Kapitel 5 vorgehen, d. h. die Knoten- und Maschengleichungen aufstellen. Es soll aber gezeigt werden, daß man hier durch zweifache Anwendung der Spannungsteiler-Regel leichter zum Ziel kommt. Die Hilfsspannung U_1 liegt an der Parallelschaltung von C mit der Reihenschaltung aus C und R:

$$U_1 \sim X_C \parallel (R + X_C) = \frac{X_C(R + X_C)}{X_C + (R + X_C)}$$

Gemäß der Spannungsteiler-Regel ergeben sich folgende Gleichungen:

$$\frac{U_1}{U_E} = \frac{X_C \parallel (R + X_C)}{X_C \parallel (R + X_C) + R} \ , \quad \frac{U_A}{U_1} = \frac{R}{R + X_C}$$

$$\Rightarrow \quad G(\omega) = \frac{U_A}{U_E} = \frac{U_1}{U_E} \cdot \frac{U_A}{U_1} = \frac{R}{\left(1 + \frac{R+2X_C}{X_C(R+X_C)} R\right)(R+X_C)}$$

$$\boxed{\frac{U_A}{U_E} = G(\omega) = \frac{j\omega RC}{1 - (\omega RC)^2 + j3\omega RC}} \tag{11.1}$$

Amplitudengang
Gemäß Gl. (6.5) wird der Betrag von $G(\omega)$ gebildet:

$$\boxed{\frac{|U_A|}{|U_E|} = |G(\omega)| = \frac{\omega RC}{\sqrt{(1 - (\omega RC)^2)^2 + (3\omega RC)^2}}} \tag{11.2}$$

Resonanzfrequenz
Nach der Definition der Resonanzfrequenz ist hier diejenige Frequenz zu ermitteln, bei der $G(\omega)$ reell wird.

$$1 - (\omega_r RC)^2 = 0 \quad \Rightarrow \quad \boxed{f_r = \frac{\omega_r}{2\pi} = \frac{1}{2\pi RC}} \tag{11.3}$$

Die Resonanzfrequenz ist demnach identisch mit den Grenzfrequenzen von Tief- und Hochpaß 1. Ordnung. Bei f_r beträgt die Ausgangsamplitude $|U_A|$ allerdings nur $\frac{1}{3}$ der Eingangsamplitude $|U_E|$.

Phasengang

$$G(\omega) = \frac{j\omega RC}{1 - (\omega RC)^2 + j3\omega RC} = \frac{\omega RC \cdot \left(3\omega RC + j(1 - (\omega RC)^2)\right)}{(1 - (\omega RC)^2)^2 + (3\omega RC)^2}$$

$$\boxed{\phi(\omega) = \frac{180^o}{\pi} \cdot arctan\left(\frac{1 - (\omega RC)^2}{3\omega RC}\right)} \tag{11.4}$$

Pulsantwort
Aus $G(\omega)$ ergibt sich mit $s = j\omega$:

$$G(s) = \frac{sRC}{1 + (sRC)^2 + s3RC} = \frac{1}{RC} \cdot \frac{s}{s^2 + \frac{3}{RC}s + \frac{1}{(RC)^2}}$$

Die Laplace-transformierte Ausgangsspannung lautet:

$$U_A(s) = U_E(s) \cdot G(s) = \frac{|U_E|}{RC} \cdot \frac{1 - e^{-\tau s}}{s^2 + \frac{3}{RC}s + \frac{1}{(RC)^2}} \tag{11.5}$$

Es wird also folgende Korrespondenz benötigt:

$$\frac{1}{s^2 + 2k_1 s + k_2{}^2} \quad \bullet\!\!-\!\!\!-\!\!\circ \quad \frac{1}{k_3}\, e^{-k_1 t}\, sinh(k_3 t)$$

$$\text{mit:} \quad k_3 = \sqrt{k_1{}^2 - k_2{}^2}$$

Die Korrespondenz gilt nur für $k_1{}^2 - k_2{}^2 > 0$, was hier in jedem Fall erfüllt ist, da:

$$k_1 = \frac{3}{2RC}, \quad k_2 = \frac{1}{RC} \quad \text{und} \quad k_3 = \frac{\sqrt{1,25}}{RC}$$

Die Rücktransformation von $U_A(s)$ liefert demnach folgende Pulsantwort:

$$\boxed{U_A(t) = \frac{|U_E|}{\sqrt{1,25}} \left[e^{-k_1 t}\, sinh(k_3 t) - \sigma(t-\tau)\, e^{-k_1 (t-\tau)}\, sinh(k_3 (t-\tau)) \right]} \tag{11.6}$$

11.2 Entkoppelter RC-Bandpaß 2. Ordnung

Bei diesem Bandpaß ist das zweite Filter so ausgelegt, daß es das erste nicht belastet. Da die Grenzfrequenzen der beiden Filter unterschiedlich sein können, ist der frequenzabhängige Durchlässigkeitsbereich (Bandbreite) beliebig groß wählbar.

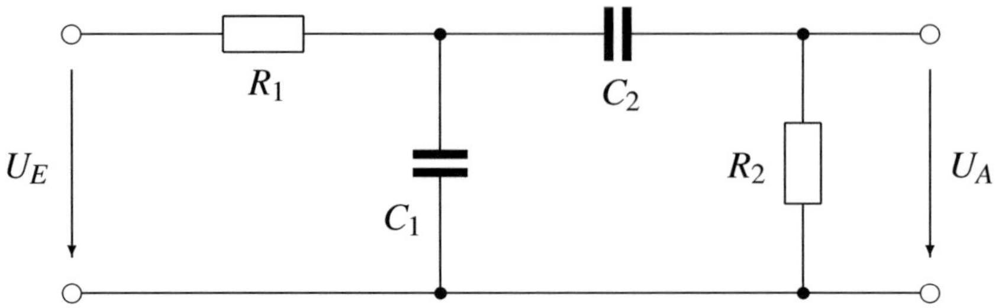

Abbildung 11.2: Entkoppelter Bandpaß 2. Ordnung

Die Entkopplungsbedingung lautet:

$$|X_{C_1}| \ll |R_2 + X_{C_2}| \quad \Rightarrow \quad C_2 \ll C_1$$

Übertragungsfunktion

$$G(\omega) = G(\omega)_{TP} \cdot G(\omega)_{HP} = \frac{1}{1 + j\omega R_1 C_1} \cdot \frac{j\omega R_2 C_2}{1 + j\omega R_2 C_2}$$

$$\frac{U_A}{U_E} = G(\omega) = \frac{j\frac{\omega}{\omega_2}}{\left(1 + j\frac{\omega}{\omega_1}\right)\left(1 + j\frac{\omega}{\omega_2}\right)} \quad \text{mit:} \quad \omega_1 = \frac{1}{R_1 C_1}, \quad \omega_2 = \frac{1}{R_2 C_2} \tag{11.7}$$

Amplitudengang
Ausmultipliziert lautet die Übertragungsfunktion:

$$G(\omega) = \frac{j\frac{\omega}{\omega_2}}{1 - \frac{\omega^2}{\omega_1 \omega_2} + j\omega\left(\frac{1}{\omega_1} + \frac{1}{\omega_2}\right)}$$

Gemäß Gl. (6.5) ergibt sich aus $G(\omega)$ unmittelbar:

$$\frac{|U_A|}{|U_E|} = |G(\omega)| = \frac{\frac{\omega}{\omega_2}}{\sqrt{\left(1 - \frac{\omega^2}{\omega_1 \omega_2}\right)^2 + \omega^2\left(\frac{1}{\omega_1} + \frac{1}{\omega_2}\right)^2}} \tag{11.8}$$

Resonanzfrequenz
Es ist zu ermitteln, bei welcher Frequenz $G(\omega)$ reell wird.

$$1 - \frac{{\omega_r}^2}{\omega_1 \omega_2} = 0 \quad \Rightarrow \quad \boxed{f_r = \frac{\omega_r}{2\pi} = \frac{\sqrt{\omega_1 \omega_2}}{2\pi}} \tag{11.9}$$

–3 dB-Bandbreite (für: $\omega_1 \gg \omega_2$)

$$\boxed{\Delta f = f_{g,TP} - f_{g,HP} = \frac{\omega_1 - \omega_2}{2\pi}} \tag{11.10}$$

Phasengang
Wegen der Entkopplung sind die Phasenverschiebungen durch den Tiefpaß und den Hochpaß einfach zu addieren:

$$\boxed{\phi(\omega) = \phi(\omega)_{TP} + \phi(\omega)_{HP} = \frac{180^o}{\pi} \cdot \left\{ arctan\left(-\frac{\omega}{\omega_1}\right) + arctan\left(\frac{\omega_2}{\omega}\right) \right\}} \tag{11.11}$$

Pulsantwort (für: $\omega_1 > \omega_2$)
Aus $G(\omega)$ ergibt sich mit $s = j\omega$:

$$G(s) = \frac{s\omega_1}{s^2 + s(\omega_1 + \omega_2) + \omega_1 \omega_2}$$

Die Laplace-transformierte Ausgangsspannung lautet:

$$U_A(s) = U_E(s) \cdot G(s) = |U_E| \; \omega_1 \; \frac{1 - e^{-\tau s}}{s^2 + s(\omega_1 + \omega_2) + \omega_1 \omega_2} \tag{11.12}$$

Es wird also folgende Korrespondenz benötigt:

$$\frac{1}{s^2 + 2k_1 s + {k_2}^2} \quad \bullet\!\!-\!\!\!-\!\!\circ \quad \frac{1}{k_3} \, e^{-k_1 t} \; sinh(k_3 t)$$

$$\text{mit:}\quad k_1 = \frac{\omega_1 + \omega_2}{2}\,,\quad k_2 = \sqrt{\omega_1 \omega_2}\,,\quad k_3 = \sqrt{{k_1}^2 - {k_2}^2} = \frac{|\omega_1 - \omega_2|}{2}$$

Die Korrespondenz gilt nur für ${k_1}^2 - {k_2}^2 > 0$, was hier in jedem Fall erfüllt ist. Die Rücktransformation von $U_A(s)$ liefert demnach folgende Pulsantwort:

$$U_A(t) = \frac{2\,|U_E|}{1 - \frac{\omega_2}{\omega_1}} \left[e^{-k_1 t}\, sinh(k_3 t) \;-\; \sigma(t-\tau)\; e^{-k_1 (t-\tau)}\, sinh(k_3 (t-\tau)) \right] \tag{11.13}$$

11.3 RC-Bandsperre (Doppel-T-Filter)

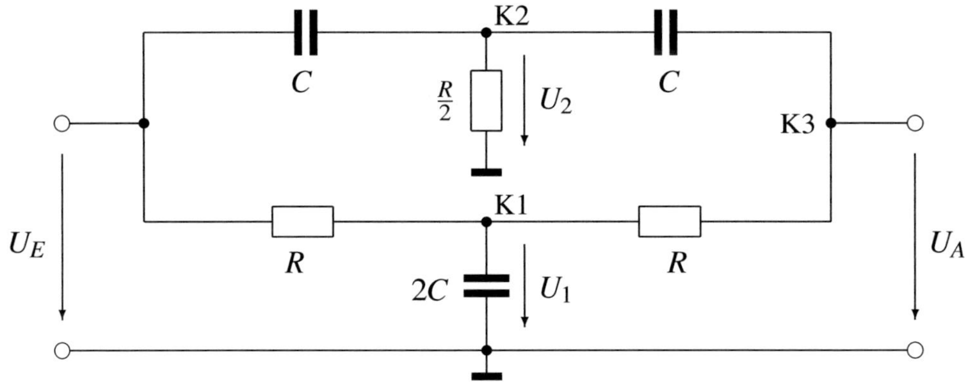

Abbildung 11.3: Doppel-T-Filter

Dieses Filter unterdrückt bei einer bestimmten Frequenz (Durchlässigkeitsminimum) die Eingangsspannung völlig. Da die beiden parallel geschalteten Zweige im Schaltbild Ähnlichkeit mit dem Buchstaben 'T' besitzen, nennt man diese Schaltung auch *Doppel-T-Filter*.

Übertragungsfunktion

Um $G(\omega)$ zu ermitteln, muß ein geeignetes lineares Gleichungssystem aufgestellt und mit Hilfe des Gauß-Algorithmus in die Dreiecksgestalt überführt werden (siehe Kapitel 2 und 5). Es erweist sich als günstig, die beiden

Hilfsspannungen U_1 und U_2 einzuführen und drei Knotengleichungen aufzustellen (man beachte: $2C \to X_C/2$):

$$\begin{array}{llllllll}
K1 \to Gl.\,I: & \frac{U_E-U_1}{R} & + & \frac{U_A-U_1}{R} & - & \frac{U_1}{X_C/2} & = & 0 \\
K2 \to Gl.\,II: & \frac{U_E-U_2}{X_C} & + & \frac{U_A-U_2}{X_C} & - & \frac{U_2}{R/2} & = & 0 \\
K3 \to Gl.\,III: & \frac{U_1-U_A}{R} & + & \frac{U_2-U_A}{X_C} & & & = & 0
\end{array}$$

An Knoten K3 fließt kein Strom ab (negatives Vorzeichen), da der Ausgang als unbelastet betrachtet wird. Aus dem Gleichungssystem ergibt sich folgende Koeffizientenmatrix:

$Gl.$	U_1	U_2	U_A	U_E
III	X_C	R	$-X_C - R$	0
I	$-2X_C - 2R$	0	X_C	$-X_C$
II	0	$-2X_C - 2R$	R	$-R$

Gl. II wurde in die dritte Zeile gesetzt, um links unten in der Koeffizientenmatrix direkt eine '0' zu erhalten. Durch die beiden folgenden Umformungen gelangt man zur Dreiecksgestalt:

$$III \cdot \frac{1}{X_C} + I \cdot \frac{1}{2X_C + 2R} \longrightarrow I$$

$$I \cdot \frac{X_C}{R} + II \cdot \frac{1}{2X_C + 2R} \longrightarrow II$$

Gl. II lautet dann nach Multiplikation mit $2R(X_C + R)$:

$$U_A\left[-2R(X_C+R) - 2X_C(X_C+R) + {X_C}^2 + R^2\right] = U_E\left[-{X_C}^2 - R^2\right]$$

Nach dem Zusammenfassen der Terme ergibt sich die Übertragungsfunktion zu:

$$G(\omega) = \frac{U_A}{U_E} = \frac{R^2 + {X_C}^2}{R^2 + 4RX_C + {X_C}^2} = \frac{1 + \left(\frac{R}{X_C}\right)^2}{1 + \left(\frac{R}{X_C}\right)^2 + 4\frac{R}{X_C}}$$

$$\frac{U_A}{U_E} = G(\omega) = \frac{1-(\omega RC)^2}{1-(\omega RC)^2 + j4\omega RC} \tag{11.14}$$

Amplitudengang
Mit Gl. (6.5) folgt aus $G(\omega)$ unmittelbar:

$$|G(\omega)| = \frac{|1-(\omega RC)^2|}{\sqrt{(1-(\omega RC)^2)^2 + (4\omega RC)^2}} \tag{11.15}$$

Durchlässigkeitsminimum
Die Ausgangsamplitude ist gleich Null, wenn folgendes erfüllt ist:

$$1-(\omega_0 RC)^2 = 0 \quad \Rightarrow \quad f_0 = \frac{\omega_0}{2\pi} = \frac{1}{2\pi RC} \tag{11.16}$$

–3 dB-Sperrbreite

$$|G(\omega_g)| = \frac{1}{\sqrt{2}} \;\Rightarrow\; \left(1-(\omega_g RC)^2\right)^2 = \frac{1}{2}\left[\left(1-(\omega_g RC)^2\right)^2 + (4\omega_g RC)^2\right]$$

$$\Rightarrow \quad (\omega_g RC)^4 - 18(\omega_g RC)^2 + 1 = 0$$

Durch die Substitution $x = (\omega_g RC)^2$ erhält man daraus eine quadratische Gleichung, die zu zwei positiven, reellen Lösungen führt:

$$\omega_{g1} = \frac{\sqrt{9-\sqrt{80}}}{RC} \quad \text{und} \quad \omega_{g2} = \frac{\sqrt{9+\sqrt{80}}}{RC}$$

In dem folgenden Frequenzintervall ist die Dämpfung stärker als –3 dB:

$$\Delta f = \frac{\omega_{g2} - \omega_{g1}}{2\pi} = \frac{4}{2\pi RC} \tag{11.17}$$

Phasengang

$$G(\omega) = \frac{\{1-(\omega RC)^2\}\,\{1-(\omega RC)^2 - j4\omega RC\}}{(1-(\omega RC)^2)^2 + (4\omega RC)^2} \qquad \Rightarrow$$

$$\boxed{\phi(\omega) = \frac{180^o}{\pi} \cdot arctan\left(\frac{-4\omega RC}{1-(\omega RC)^2}\right)} \tag{11.18}$$

Bei der Frequenz des Durchlässigkeitsminimums ω_0 tritt ein Phasensprung um $+180^o$ auf.

Pulsantwort

Aus $G(\omega)$ ergibt sich mit $s = j\omega$ und $RC = 1/\omega_0$:

$$G(s) = \frac{s^2+{\omega_0}^2}{s^2+4\omega_0 s+{\omega_0}^2} = 1 - \frac{4\omega_0 s}{s^2+4\omega_0 s+{\omega_0}^2}$$

Die Laplace-transformierte Ausgangsspannung lautet:

$$U_A(s) = U_E(s)\cdot G(s) = |U_E| \left[\frac{1}{s} - \frac{4\omega_0}{s^2+4\omega_0 s+{\omega_0}^2}\right]$$

Folgende Korrespondenz wird benötigt:

$$\frac{1}{s^2+2k_1 s+{k_2}^2} \quad \bullet\!\!-\!\!\!-\!\!\!-\!\!\circ \quad \frac{1}{k_3}\, e^{-k_1 t}\, sinh(k_3 t)$$

$$\text{mit:} \qquad {k_1}^2 - {k_2}^2 = {k_3}^2 > 0$$

Durch Rücktransformation von $U_A(s)$ erhält man mit $k_1 = 2\omega_0$, $k_2 = \omega_0$ und $k_3 = \sqrt{3}\omega_0$ die Pulsantwort:

$$\boxed{\begin{aligned} U_A(t) = |U_E| &\left[1 - \frac{4}{\sqrt{3}}\, e^{-k_1 t}\, sinh(k_3 t)\right.\\ - \sigma(t-\tau) &\left.\left\{1 - \frac{4}{\sqrt{3}}\, e^{-k_1 (t-\tau)}\, sinh(k_3 (t-\tau))\right\}\right] \end{aligned}} \tag{11.19}$$

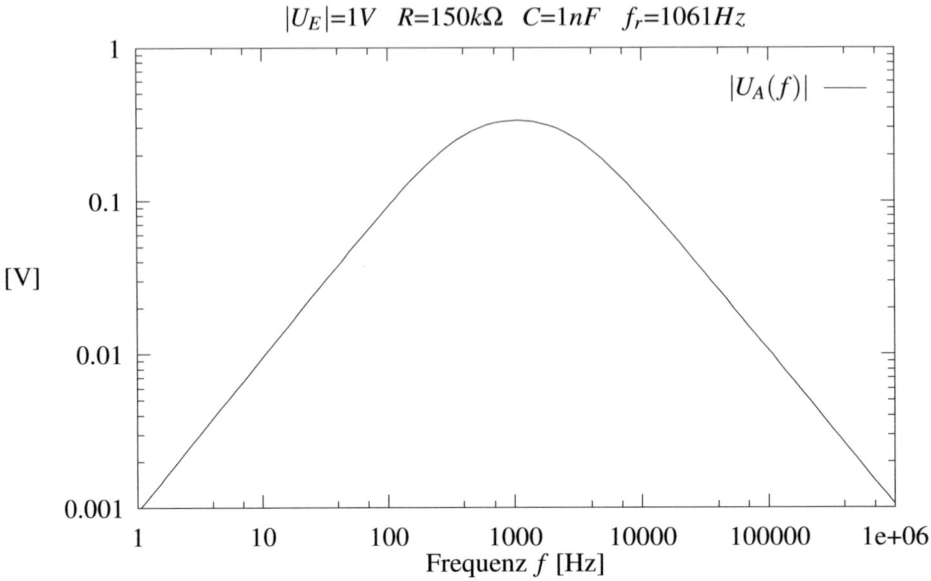

Abbildung 11.4: Gekopp. Bandpaß 2. Ordnung (Amplitudengang)

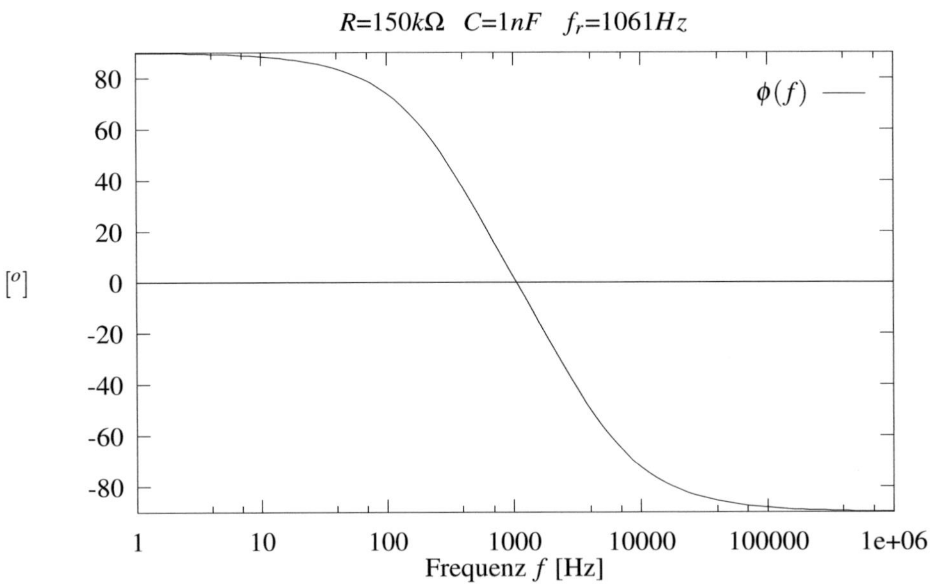

Abbildung 11.5: Gekopp. Bandpaß 2. Ordnung (Phasengang)

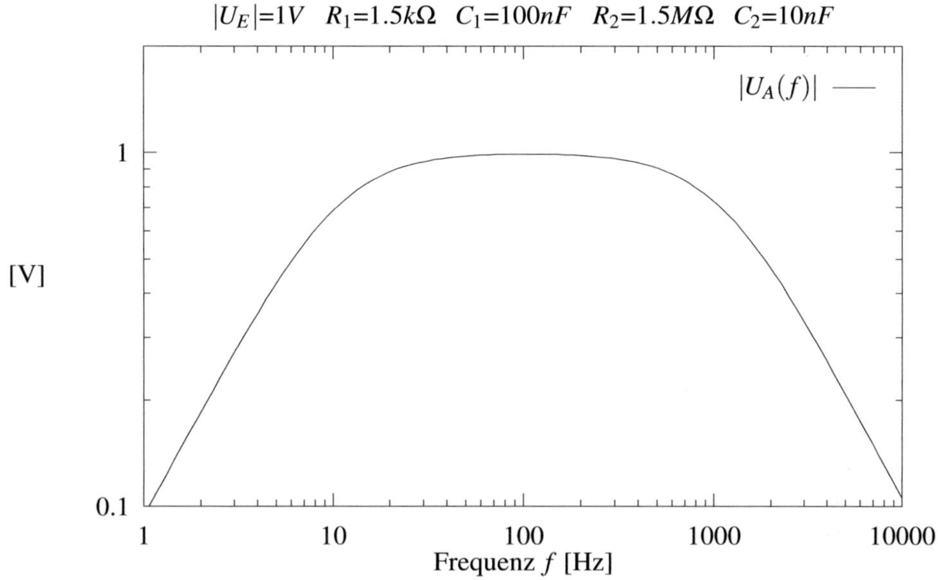

Abbildung 11.6: Entkopp. Bandpaß 2. Ordnung (Amplitudengang)

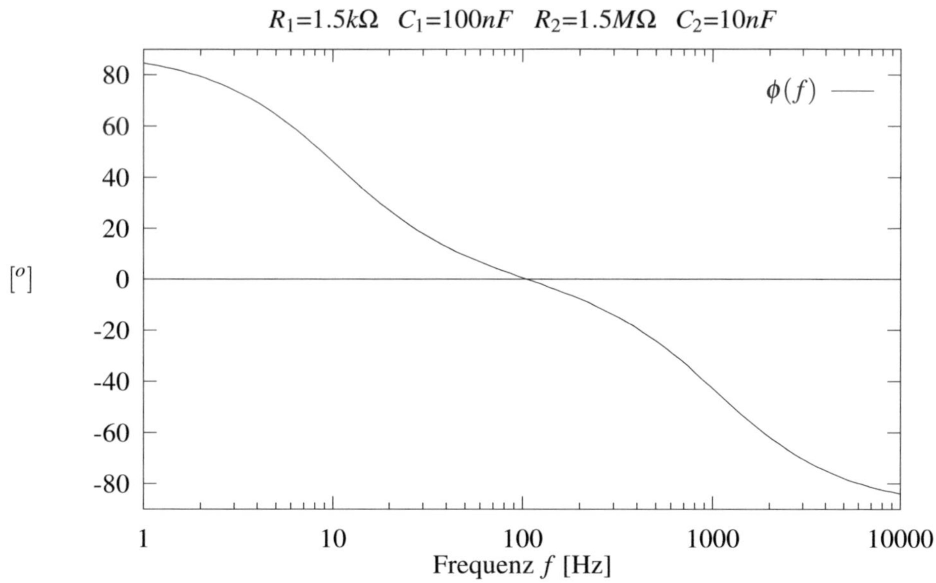

Abbildung 11.7: Entkopp. Bandpaß 2. Ordnung (Phasengang)

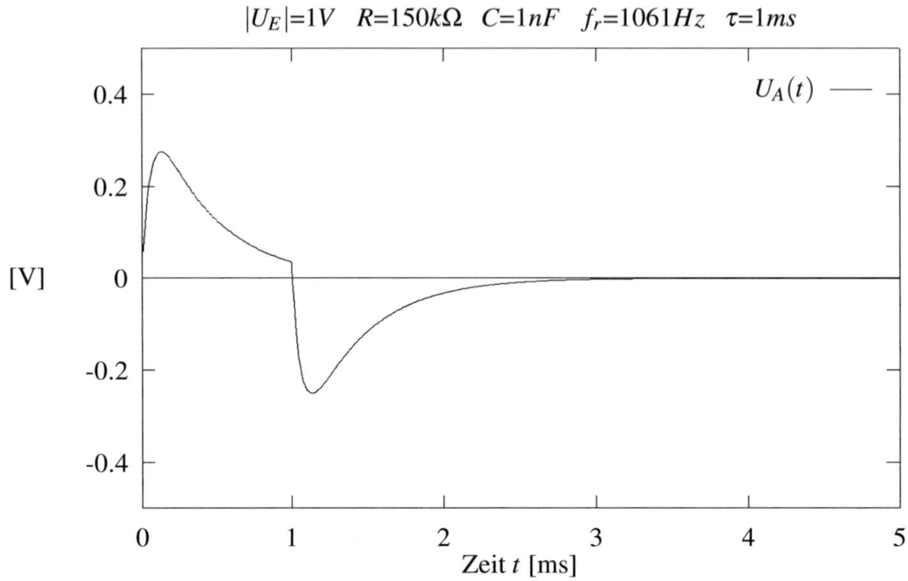

Abbildung 11.8: Gekopp. Bandpaß 2. Ordnung (Pulsantwort)

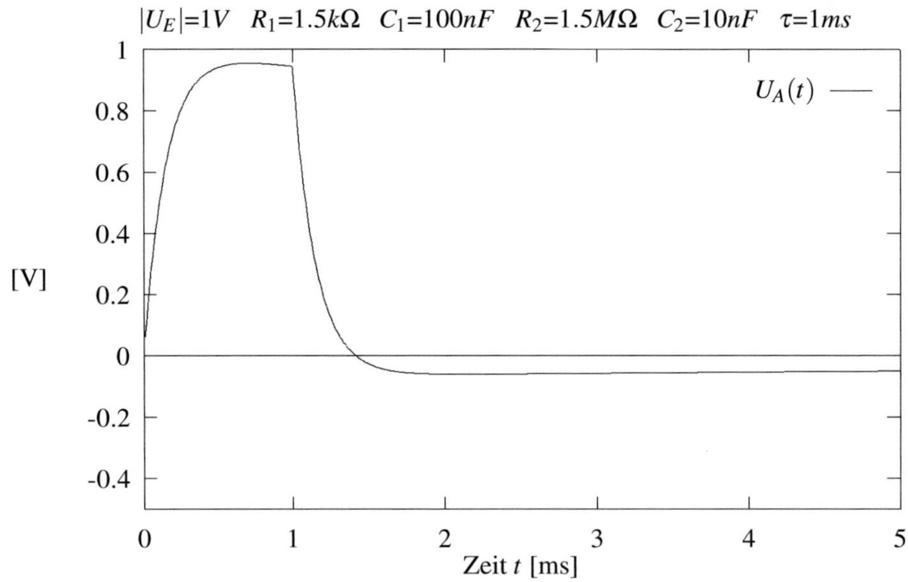

Abbildung 11.9: Entkopp. Bandpaß 2. Ordnung (Pulsantwort)

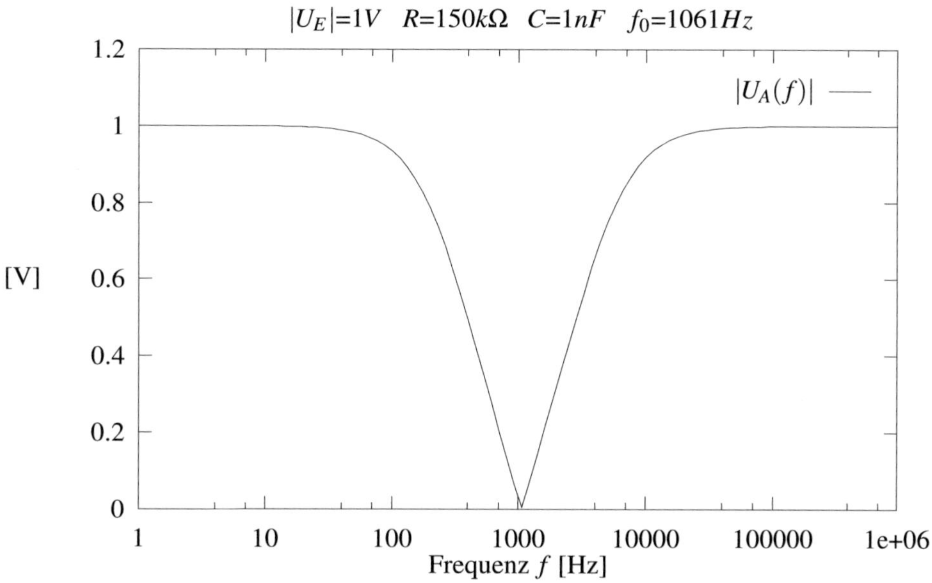

Abbildung 11.10: Doppel-T-Filter (Amplitudengang)

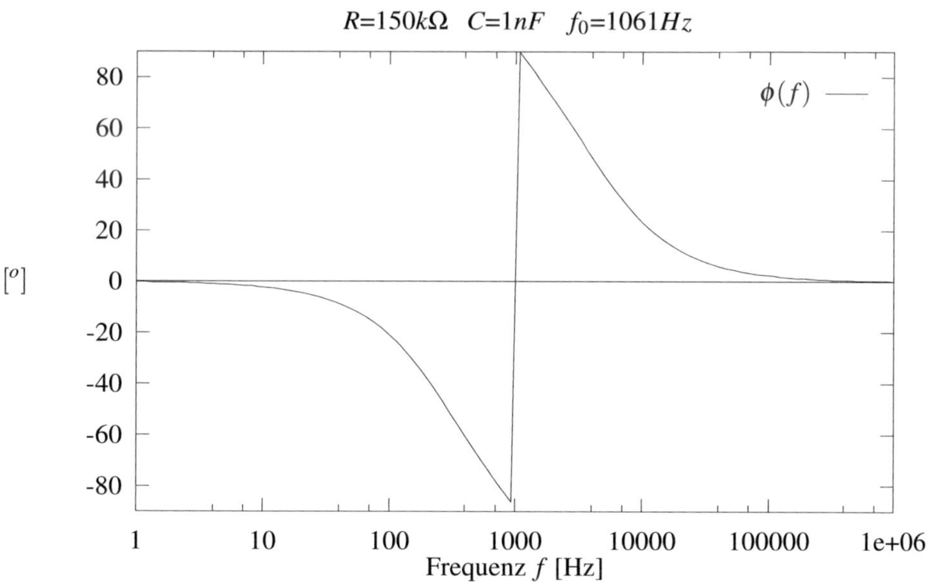

Abbildung 11.11: Doppel-T-Filter (Phasengang)

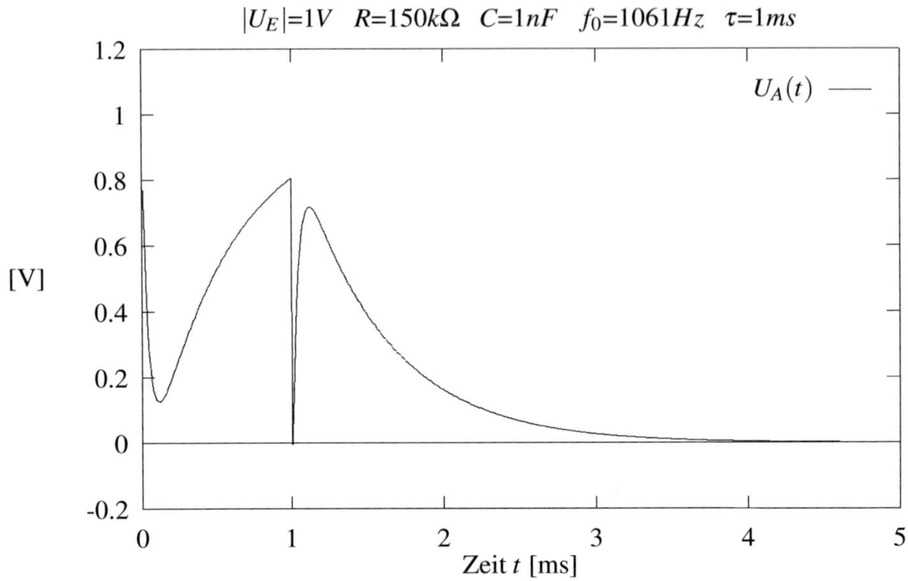

Abbildung 11.12: Doppel-T-Filter (Pulsantwort)

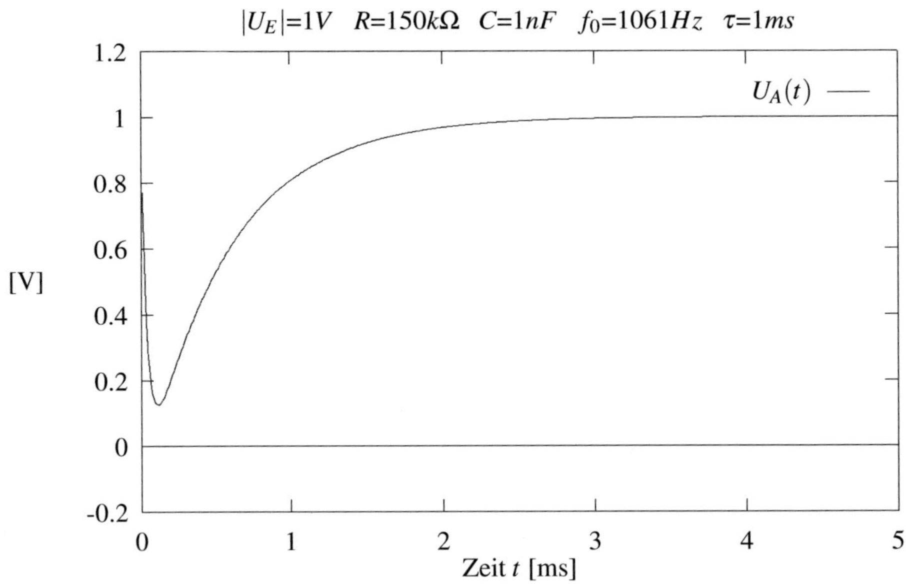

Abbildung 11.13: Doppel-T-Filter (Sprungantwort)

12 Schwingkreise

Grundsätzlich entsteht Schwingkreisverhalten immer, wenn eine Kombination aus Spulen (L) und Kondensatoren (C) vorliegt. Aufgrund der entgegengesetzten Phasenverschiebungen, die bei Spulen bzw. Kondensatoren zwischen Spannung und Strom vorliegen, schwingt die elektrische Energie zwischen induktiven und kapazitiven Bauelementen hin und her. Entsprechend ändern sich auch die Ströme und Spannungen an den Bauteilen periodisch. Fügt man einen ohmschen Widerstand (R) hinzu, so werden die Schwingungen gedämpft, d. h. die Amplituden von Strom und Spannung nehmen exponentiell mit der Zeit ab, wenn die Energiezufuhr unterbrochen ist.
Da Spulen meistens einen nicht zu vernachlässigenden ohmschen Widerstand besitzen, ist für sie eine Reihenschaltung aus R und L anzusetzen. Zusätzliche ohmsche Widerstände können in R einbezogen werden. Der ohmsche Parallelwiderstand von Kondensatoren (verursacht durch Leck- und Oberflächenströme) kann dagegen in der Regel als unendlich groß angenommen – also vernachlässigt werden.

12.1 RLC-Serienschwingkreis

Der einfachste Schwingkreis besteht aus der Reihenschaltung einer Spule (mit ohmschem Widerstand R) und eines Kondensators.

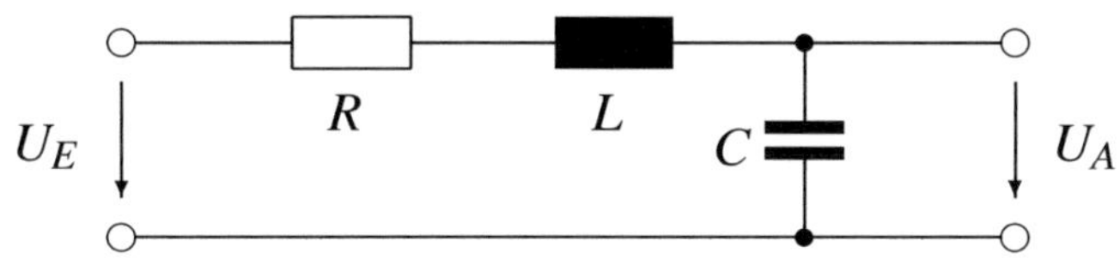

Abbildung 12.1: RLC-Serienschwingkreis

Exemplarisch wird hier die Spannung am Kondensator als Ausgangsspannung U_A gewählt.

Übertragungsfunktion

Mit der Spannungsteiler-Regel ergibt sich:

$$\frac{U_A}{U_E} = G(\omega) = \frac{X_C}{R + X_L + X_C} = \frac{\frac{1}{j\omega C}}{R + j\omega L + \frac{1}{j\omega C}}$$

$$\boxed{\frac{U_A}{U_E} = G(\omega) = \frac{1}{1 - \omega^2 LC + j\omega RC}} \tag{12.1}$$

Amplitudengang

Gemäß Gl. (6.5) folgt aus $G(\omega)$ unmittelbar:

$$\boxed{|G(\omega)| = \frac{1}{\sqrt{(1 - \omega^2 LC)^2 + (\omega RC)^2}}} \tag{12.2}$$

Amplitudenmaximum

Die Ausgangsamplitude weist ein Maximum auf, wenn der Nenner im Amplitudengang minimal wird. Um das Minimum des Nenners zu ermitteln, wird er nach ω differenziert:

$$\frac{d}{d\omega}\left[\omega^4 L^2 C^2 + \omega^2 (R^2 C^2 - 2LC) + 1\right] = 0 \tag{12.3}$$

Als Ergebnis ergibt sich, daß das Amplitudenmaximum bei folgender Frequenz liegt:

$$\boxed{f_m = \frac{\omega_m}{2\pi} = \frac{1}{2\pi}\sqrt{\frac{1}{LC} - \frac{R^2}{2L^2}}} \tag{12.4}$$

Resonanzfrequenz

Die Resonanzfrequenz ω_r ist bei Schwingkreisen allgemein als diejenige Frequenz definiert, bei der der Scheinwiderstand der Gesamtschaltung reell ist. D. h., Eingangsspannung und Eingangsstrom sind bei $\omega = \omega_r$ phasengleich.

$$Z(\omega) = R + X_L + X_C = R + j\left(\omega L - \frac{1}{\omega C}\right) = reell$$

Diese Bedingung ist erfüllt für:

$$\omega_r L - \frac{1}{\omega_r C} = 0 \quad \Rightarrow \quad \boxed{f_r = \frac{\omega_r}{2\pi} = \frac{1}{2\pi\sqrt{LC}}} \tag{12.5}$$

Beim Serienschwingkreis ist also immer $f_m = f_r$, beim gedämpften Parallelschwingkreis ist das nicht der Fall, wie im nächsten Unterkapitel gezeigt wird.

Resonatorgüte

Die Güte Q des Serienschwingkreises ist definiert als:

$$\boxed{Q = \frac{\omega_r L}{R} = \frac{1}{R}\sqrt{\frac{L}{C}}} \tag{12.6}$$

Sie ist ein dimensionsloses Maß für die Dämpfung; ein völlig ungedämpfter Schwingkreis besäße eine unendlich hohe Güte, d. h. eine unendlich hohe Ausgangsspannungsamplitude bei ω_r.

Phasengang

$$G(\omega) = \frac{1}{1 - \omega^2 LC + j\omega RC} = \frac{1 - \omega^2 LC - j\omega RC}{(1 - \omega^2 LC)^2 + (\omega RC)^2}$$

$$\boxed{\phi(\omega) = \frac{180^o}{\pi} \cdot arctan\left(\frac{-\omega RC}{1 - \omega^2 LC}\right) - 180^o \cdot \sigma(\omega - \omega_r)} \tag{12.7}$$

Sprungantwort

Da es sich bei Schwingkreisen nicht um Signalfilter im üblichen Sinne handelt, ist es nicht sinnvoll, die Pulsantwort zu berechnen. Das Schwingverhalten wird jedoch sehr gut von der Sprungantwort wiedergegeben.

Aus $G(\omega)$ ergibt sich mit $s = j\omega$ und $\omega_r = \frac{1}{\sqrt{LC}}$:

$$G(s) = \frac{{\omega_r}^2}{s^2 + \frac{R}{L}s + {\omega_r}^2}$$

$$U_A(s) = U_E(s) \cdot G(s) = |U_E| \; {\omega_r}^2 \; \frac{1}{s\left(s^2 + \frac{R}{L}s + {\omega_r}^2\right)}$$

Die benötigte Korrespondenz lautet:

$$\frac{1}{s(s^2 + 2k_1 s + {k_2}^2)} \quad \bullet\!\!-\!\!\!-\!\!\circ \quad \frac{1}{{k_2}^2} \left[1 - e^{-k_1 t} \left\{\frac{k_1}{k_3} \, sin(k_3 t) + cos(k_3 t)\right\}\right]$$

$$\text{mit:} \quad k_1 = \frac{R}{2L}, \quad k_2 = \omega_r, \quad {k_3}^2 = {k_2}^2 - {k_1}^2 > 0$$

Durch die Rücktransformation von $U_A(s)$ erhält man die Sprungantwort:

$$\boxed{U_A(t) = |U_E| \left[1 - e^{-k_1 t} \left\{\frac{k_1}{k_3} \, sin(k_3 t) + cos(k_3 t)\right\}\right]} \qquad (12.8)$$

Bei *starker Dämpfung* (${k_3}^2 = {k_1}^2 - {k_2}^2 > 0$) ist folgendes zu ersetzen:

$$sin \longrightarrow sinh \,, \qquad cos \longrightarrow cosh$$

Im *aperiodischen Grenzfall* ($k_1 = k_2 = k$) lautet die Sprungantwort:

$$U_A(t) = |U_E| \left[1 - e^{-kt}\right]$$

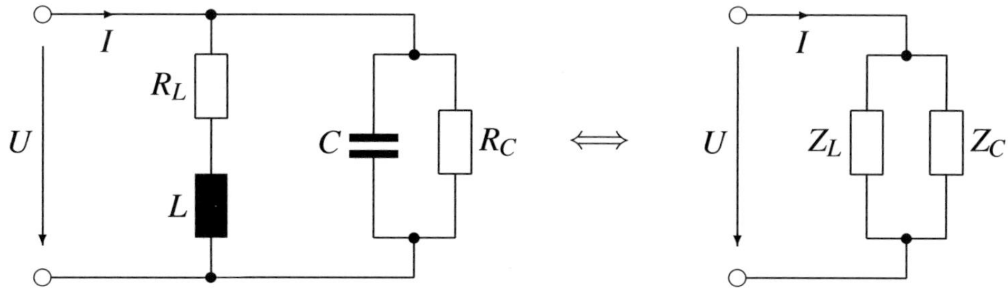

Abbildung 12.2: RLC-Parallelschwingkreis

12.2 RLC-Parallelschwingkreis

Die Analyse des *gedämpften* Parallelschwingkreises ist deutlich aufwendiger als die des ungedämpften, dennoch soll zumindest die Dämpfung durch den ohmschen Widerstand der Spule berücksichtigt werden.

Die verlustbehafteten komplexen Widerstände von Spule und Kondensator lauten:

$$Z_L = R_L + j\omega L\,, \qquad Z_C = R_C \parallel X_C = \frac{R_C}{1 + j\omega R_C C}$$

Beim Parallelschwingkreis interessiert man sich für die Beziehung zwischen Eingangsspannung U und Eingangsstrom I, daher wird hier statt der Übertragungsfunktion $G(\omega)$ die komplexe Impedanz $Z(\omega)$ berechnet.

Komplexe Impedanz (komplexer Widerstand)

$$Z(\omega) = Z_L \parallel Z_C = \frac{Z_L \cdot Z_C}{Z_L + Z_C} = \frac{(R_L + j\omega L)\, R_C}{(1 + j\omega R_C)\left(R_L + j\omega L + \frac{R_C}{1 + j\omega R_C C}\right)}$$

Nach leichten Umformungen ergibt sich:

$$\boxed{\frac{U(\omega)}{I(\omega)} = Z(\omega) = \frac{R_L + j\omega L}{\left(1 - \omega^2 LC + \frac{R_L}{R_C}\right) + j\omega\left(\frac{L}{R_C} + R_L C\right)}} \tag{12.9}$$

Um die weiteren Rechnungen handhabbar zu halten, wird von nun an die (in der Regel praxisgerechte) Näherung $R_C \to \infty$ angenommen.

Betrag der komplexen Impedanz (Scheinwiderstand)
Mit der Näherung $R_C \to \infty$ beträgt die komplexe Impedanz:

$$Z(\omega) = \frac{R_L + j\omega L}{(1-\omega^2 LC) + j\omega\,(R_L C)}$$

Gemäß Gl. (6.5) wird der Betrag von $Z(\omega)$ gebildet:

$$|Z(\omega)| = \frac{|U(\omega)|}{|I(\omega)|} = \sqrt{\frac{{R_L}^2 + \omega^2 L^2}{(1-\omega^2 LC)^2 + (\omega R_L C)^2}} \qquad (12.10)$$

Impedanzmaximum
Um die Frequenz, bei der die Impedanz maximal – und daher der Eingangsstrom minimal – wird, zu erhalten, muß $Z(\omega)$ nach ω differenziert werden. Setzt man das Ergebnis gleich Null und löst nach ω auf, so erhält man das Impedanzmaximum. Wegen des beträchtlichen Umfangs der Rechnung wird hier nur das Ergebnis angegeben:

$$f_m = \frac{\omega_m}{2\pi} = \frac{1}{2\pi\sqrt{LC}} \cdot \sqrt{\sqrt{1 + 2{R_L}^2\frac{C}{L}} - {R_L}^2\frac{C}{L}} \qquad (12.11)$$

Wegen $\left\{\sqrt{1+x} = 1 + \frac{1}{2}x - \frac{1}{8}x^2 + \cdots \text{ für } x < 1\right\}$ gilt bei schwacher Dämpfung folgendes:

$$\text{wenn:}\quad 2{R_L}^2\frac{C}{L} < 1 \quad\Rightarrow\quad R_L < \sqrt{\frac{L}{2C}} \quad\Rightarrow\quad f_m \approx \frac{1}{2\pi\sqrt{LC}}$$

Resonanzfrequenz
Gemäß der Definition von ‘Resonanz’ muß festgestellt werden, bei welcher

Frequenz der komplexe Widerstand des Schwingkreises reell ist. Mit dem komplex konjugierten Nenner erweitert lautet der komplexe Widerstand:

$$Z(\omega) = \frac{R_L + j\omega(L - R_L{}^2C - \omega^2L^2C)}{(1-\omega^2LC)^2 + (\omega R_L C)^2} = \mathit{reell} \tag{12.12}$$

$$\Rightarrow \quad \omega(L - R_L{}^2C - \omega^2L^2C) = 0$$

Die triviale Lösung $\omega = 0$ beschreibt den Fall, daß durch den Schwingkreis ein Gleichstrom fließt. Der Rest der Gleichung liefert die Resonanzfrequenz:

$$L - R_L{}^2C - \omega_r{}^2L^2C = 0 \quad \Rightarrow \quad \omega_r = \sqrt{\frac{1}{LC} - \frac{R_L{}^2}{L^2}} \quad \Rightarrow$$

$$\boxed{f_r = \frac{\omega_r}{2\pi} = \frac{1}{2\pi\sqrt{LC}} \cdot \sqrt{1 - R_L{}^2\frac{C}{L}}} \tag{12.13}$$

Im dämpfungsfreien Fall gilt: $f_r = f_m = \dfrac{1}{2\pi\sqrt{LC}}$

Resonatorgüte

Die Güte Q des Parallelschwingkreises ist definiert als:

$$\boxed{Q = \frac{R_p}{\omega_r L} \approx \frac{1}{R_L}\sqrt{\frac{L}{C}}} \tag{12.14}$$

Bezüglich der Näherung wurde von folgender Annahme ausgegangen:

$$R_p \approx \frac{(\omega_r L)^2}{R_L} \qquad \text{für:} \qquad R_L \ll \omega L$$

Die Güte ist ein dimensionsloses Maß für die Dämpfung; ein völlig ungedämpfter Schwingkreis besäße eine unendlich hohe Güte, d. h. einen gegen Null gehenden Eingangsstrom bei ω_r.

Phasengang

Der Gl. (12.12) ist das Verhältnis von Imaginär- zu Realteil direkt zu entnehmen. Der Phasengang lautet somit:

$$\phi(\omega) = \frac{180^o}{\pi} \cdot arctan\left(\frac{\omega(L - R_L{}^2C - \omega^2L^2C)}{R_L}\right) \tag{12.15}$$

Es ist zu beachten, daß $\phi(\omega)$ hier die Phasenverschiebung zwischen Strom und Spannung ist.

Sprungantwort

Wie beim Serienschwingkreis soll auch hier statt der Pulsantwort die Sprungantwort ermittelt werden. Als Eingangsgröße dient hier allerdings ein *Strom*sprung, da statt einer Übertragungsfunktion die komplexe Impedanz $Z(\omega)$ berechnet wurde.
Aus $Z(\omega)$ ergibt sich mit $s = j\omega$:

$$Z(s) = \frac{R_L + sL}{s^2LC + sR_LC + 1} = \frac{1}{C}\,\frac{s + \frac{R_L}{L}}{s^2 + \frac{R_L}{L}s + \frac{1}{LC}}$$

$$U(s) = I(s) \cdot Z(s) = \frac{|I|}{s} \cdot Z(s) \quad \Rightarrow$$

$$U(s) = |I| \left[\frac{1}{C} \cdot \frac{1}{s^2 + \frac{R_L}{L}s + \frac{1}{LC}} + \frac{R_L}{LC} \cdot \frac{1}{s\left(s^2 + \frac{R_L}{L}s + \frac{1}{LC}\right)}\right]$$

Die benötigten Korrespondenzen lauten:

$$\frac{1}{s^2 + 2k_1s + k_2{}^2} \quad \bullet\!\!-\!\!\!-\!\!\circ \quad \frac{1}{k_3}\, e^{-k_1t}\, sin(k_3t)$$

$$\frac{1}{s(s^2 + 2k_1s + k_2{}^2)} \quad \bullet\!\!-\!\!\!-\!\!\circ \quad \frac{1}{k_2{}^2}\left(1 - e^{-k_1t}\left\{\frac{k_1}{k_3}\, sin(k_3t) + cos(k_3t)\right\}\right)$$

$$\text{jeweils mit:} \quad k_1 = \frac{R_L}{2L}\,, \quad k_2 = \frac{1}{\sqrt{LC}}\,, \quad k_3{}^2 = k_2{}^2 - k_1{}^2 > 0$$

Durch Rücktransformation von $U(s)$ erhält man die Sprungantwort:

$$U(t) = |I| \left[\frac{e^{-k_1 t}}{k_3 C} sin(k_3 t) + R_L \left(1 - e^{-k_1 t} \left\{ \frac{k_1}{k_3} sin(k_3 t) + cos(k_3 t) \right\} \right) \right] \tag{12.16}$$

Bei *starker Dämpfung* ($k_3{}^2 = k_1{}^2 - k_2{}^2 > 0$) ist folgendes zu ersetzen:

$$sin \longrightarrow sinh\,, \qquad cos \longrightarrow cosh$$

Im *aperiodischen Grenzfall* ($k_1 = k_2 = k$) lautet die Sprungantwort:

$$U(t) = |I| \left[\frac{1}{C}\, t\, e^{-kt} + R_L \left(1 - e^{-kt} \{kt + 1\} \right) \right]$$

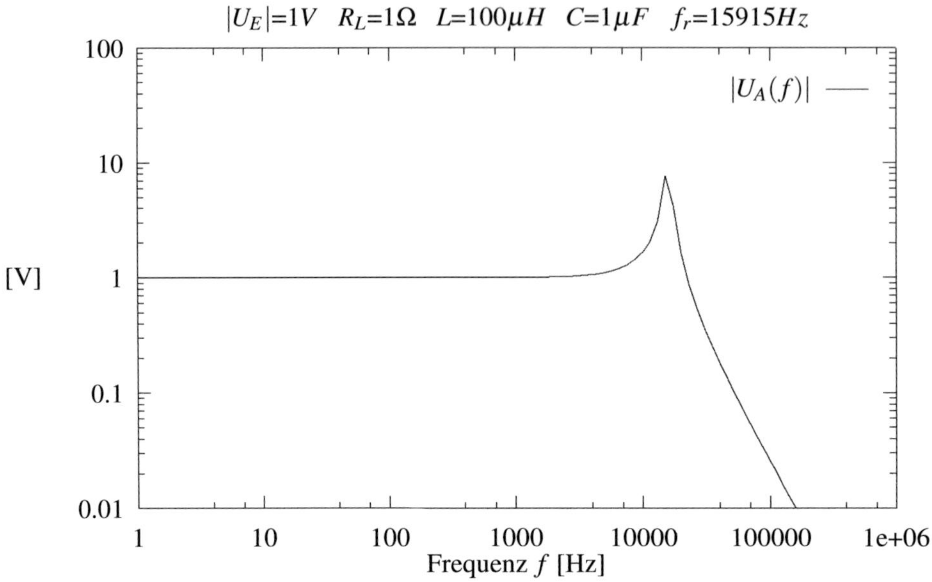

Abbildung 12.3: Serienschwingkreis (Amplitudengang)

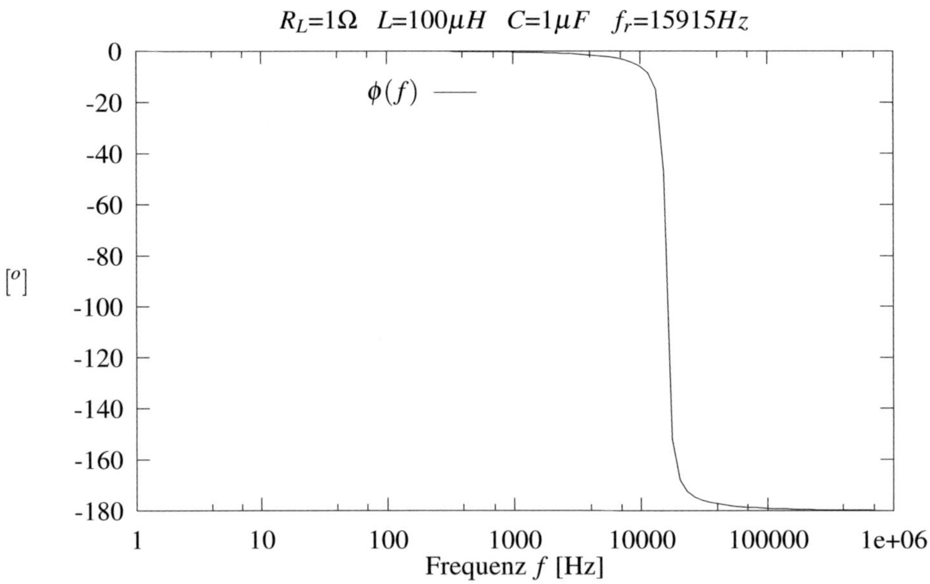

Abbildung 12.4: Serienschwingkreis (Phasengang)

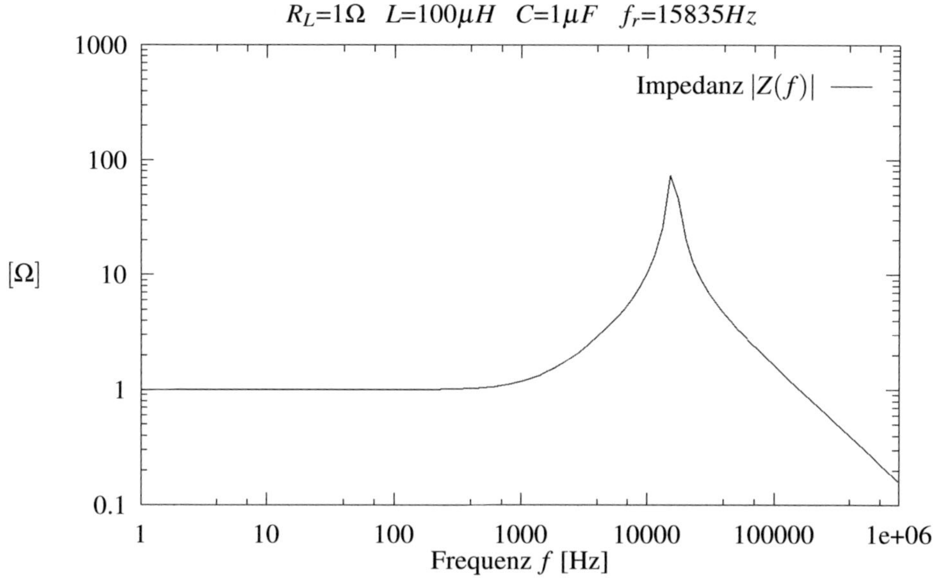

Abbildung 12.5: Parallelschwingkreis (Impedanzgang)

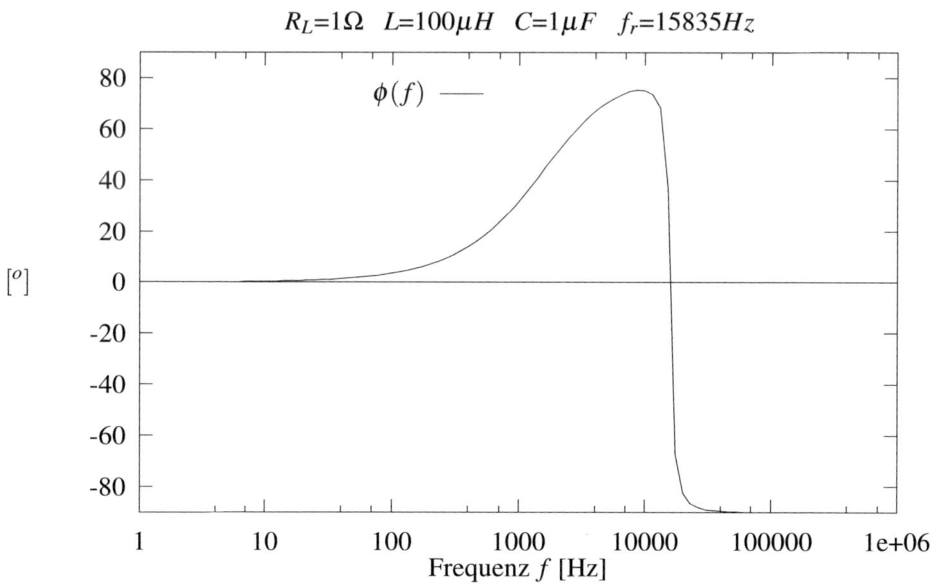

Abbildung 12.6: Parallelschwingkreis (Phasengang)

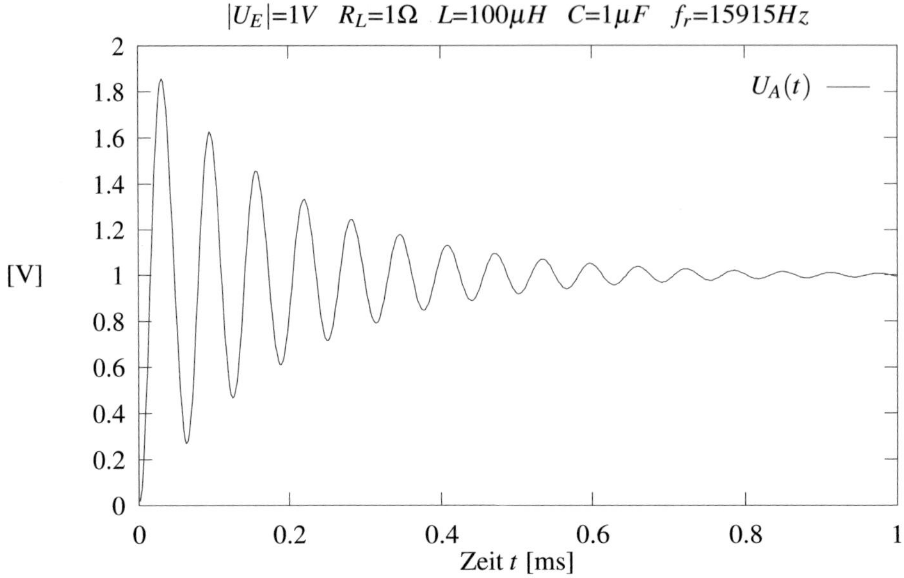

Abbildung 12.7: Serienschwingkreis (Sprungantwort)

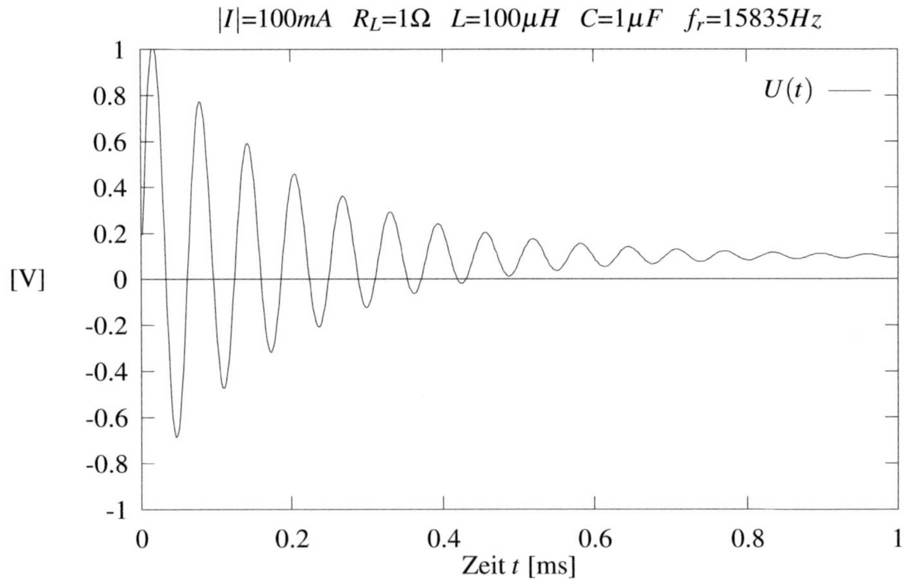

Abbildung 12.8: Parallelschwingkreis (Sprungantwort)

13 Operationsverstärker

Der Operationsverstärker (OP-Verstärker oder OPV) ist ein zentrales *aktives* Bauelement der analogen Schaltungstechnik. Mit ihm lassen sich viele, häufig benötigte Schaltungen leicht realisieren.

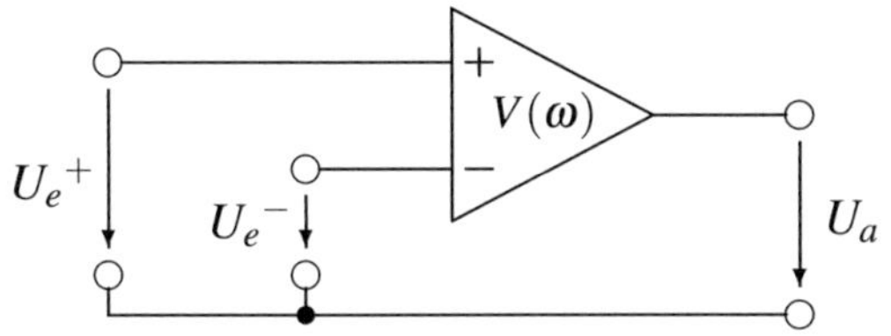

$$V(\omega) = \frac{U_a}{U_e^{+} - U_e^{-}} = \frac{U_a}{U_e}$$

Abbildung 13.1: Das Schaltsymbol des Operationsverstärkers

Beim OPV handelt es sich um einen *Differenzverstärker*, da die Differenz der beiden Eingangsspannungen U_e^{+} und U_e^{-} proportional zur Ausgangsspannung U_a ist. Das Verhältnis von U_a zu U_e bezeichnet man als *Differenzverstärkung* V.
In der folgenden Tabelle ist gegenübergestellt, welche Eigenschaften ein *idealer* OPV besitzt und was bei *realen* OP-Verstärkern erreicht wird.

Kenngröße	Abkürzung	ideal	real
Eingangsimpedanz	$\|Z_e\|$	∞	$10^5 \dots 10^{12}\,\Omega$
Ausgangsimpedanz	$\|Z_a\|$	0	$5 \dots 1000\,\Omega$
Differenzverstärkung	V	∞	$V(\omega)$
Gleichspann.verstärk.	V_0	∞	$10^4 \dots 10^7$
Transitfrequenz	f_T	∞	$1 \dots 900\,MHz$
Großsignal-Grenzfreq.	f_P	∞	$10\,kHz \dots 100\,MHz$
Anstiegsgeschwindigk.	S_R	∞	$0{,}5\,V/\mu s \dots 5\,V/ns$
Offset-Spannung	$\|U_{offset}\|$	0	$0{,}5\,\mu V \dots 5\,mV$
Eingangs-Rauschspann.	U_{Rausch}	0	$> 0{,}9\,nV/\sqrt{Hz}$
Eingangs-Rauschstrom	I_{Rausch}	0	$> 0{,}1\,fA/\sqrt{Hz}$

Tabelle 13.1: Ideale und reale OPV-Kenngrößen

Es sei betont, daß die aufgeführten realen Optimalwerte keineswegs allesamt von *einem* OPV erreicht werden. Vielmehr sind die einzelnen OPV hinsichtlich einer (oder einiger) der genannten Kenngrößen optimiert. Aus der Fülle der Kompromißmöglichkeiten bei diesen technischen Optimierungen resultiert die große Anzahl der angebotenen OPV-Typen. Der Anhang enthält eine kleine Auswahl von OP-Verstärkern mit deren Kenngrößen.
In bezug auf die Anforderungen in der Praxis kommen die realen OPV dem idealen OPV recht nahe – mit einer Ausnahme. Es handelt sich dabei um die *Frequenzabhängigkeit* der Differenzverstärkung.

Übertragungsfunktion
Ein realer, kompensierter OPV weist statt $V = \infty$ in sehr guter Näherung folgende Verstärkung auf:

$$\boxed{\frac{U_a(\omega)}{U_e(\omega)} = V(\omega) = \frac{V_0}{1 + j\omega \frac{V_0}{\omega_T}}} \tag{13.1}$$

$V_0 =$ Gleichspannungsverstärkung (open-loop-gain),
$f_T = \frac{\omega_T}{2\pi} =$ Transitfrequenz (gain-bandwidth-product)

$V(\omega)$ ist die Übertragungsfunktion eines kompensierten OPVs. Mit 'kompensiert' ist *Frequenzgang-kompensiert* gemeint; das bedeutet, der Übertragungsfunktion wurde künstlich ein Tiefpaß-Verhalten 1. Ordnung verliehen. Zum Vergleich:

$$\text{Tiefpaß 1. Ordnung:} \qquad G(\omega) = \frac{1}{1 + j\omega RC} \tag{13.2}$$

Vergleicht man Gl. (13.2) mit Gl. (13.1), erkennt man als wesentlichen Unterschied: $|V(\omega)|$ kann im Gegensatz zu $|G(\omega)|$ größer als 1 sein, was einer Verstärkung der Eingangsspannung entspricht.
Die Frequenzgang-Kompensation wird durchgeführt, um die Neigung unkompensierter OP-Verstärker zu Eigenschwingungen zu unterdrücken. Man nimmt dadurch allerdings eine Absenkung der Transitfrequenz f_T in Kauf.

Verstärkungsgang
Gemäß Gl. (6.5) wird der Betrag von $V(\omega)$ gebildet:

$$\frac{|U_a|}{|U_e|} = |V(\omega)| = \frac{V_0}{\sqrt{1+\omega^2\left(\frac{V_0}{\omega_T}\right)^2}} \tag{13.3}$$

Bei $\omega = \omega_T$ beträgt die Verstärkung $|V(\omega_T)| = 1$.

Grenzfrequenz

$$|G(\omega_g)| = \frac{V_0}{\sqrt{2}} \quad \Rightarrow \quad f_g = \frac{\omega_g}{2\pi} = \frac{f_T}{V_0} \tag{13.4}$$

f_g liegt bei *kompensierten* OP-Verstärkern in der Größenordnung $5\ldots 50\,Hz$. Da hier reines Tiefpaß-Verhalten vorliegt, entspricht f_g der *Bandbreite* des OPVs. Wegen $f_T = V_0 \cdot f_g$ wird f_T als *Verstärkungs-Bandbreite-Produkt* bezeichnet.

Phasengang

$$V(\omega) = \frac{V_0}{1+j\omega\frac{V_0}{\omega_T}} = \frac{V_0}{1+\omega^2\left(\frac{V_0}{\omega_T}\right)^2} \cdot \left(1 - j\omega\frac{V_0}{\omega_T}\right)$$

$$\phi(\omega) = -\frac{180^o}{\pi} \cdot arctan\left(\omega\frac{V_0}{\omega_T}\right) \tag{13.5}$$

Die maximale Phasenverschiebung des kompensierten OPVs beträgt demnach -90°, wobei der Bereich $(\omega > \omega_T)$ außer acht gelassen wird, da er bezüglich der Signalübertragung weitgehend zu vernachlässigen ist[3].
Am Ende des Kapitels sind Amplituden- und Phasengang grafisch dargestellt.

[3] Im Bereich $\omega > \omega_T$ ist $|V(\omega)| < 1$.

Kompensierte OPV sind somit hinsichtlich ihres Signalübertragungsverhaltens vollständig durch die beiden Kenngrößen V_0 und f_T, die den OPV-Datenbüchern entnommen werden können, charakterisiert.
Die Gleichspannungsverstärkung V_0 ist auch oft unter der Bezeichnung *offene Schleifenverstärkung (open-loop-gain)* zu finden; manchmal wird sie in der Einheit $[dB]$ angegeben.

$$\text{Umrechnung:} \quad x\,dB \quad \Rightarrow \quad V_0 = 10^{x/20}$$

Die Transitfrequenz f_T bezieht sich auf den Kleinsignalbetrieb und ist nicht zu verwechseln mit der Großsignal-Grenzfrequenz f_P, welche durch interne Speichereffekte verursacht wird und weit unterhalb von f_T liegt.

Großsignalbetrieb
$V(\omega)$ gibt das Übertragungsverhalten nur dann korrekt wieder, wenn die Ausgangsspannung einen gewissen Wert, der von der Frequenz abhängt, nicht übersteigt.
Liegt die Betriebsfrequenz unterhalb von f_P, darf der OPV voll ausgesteuert werden:

$$f \leq f_P: \quad |U_a| \leq |U_a|_{voll} = \frac{S_R}{2\pi f_P} \tag{13.6}$$

f_P hängt also unmittelbar mit der maximalen Anstiegsgeschwindigkeit der Ausgangsspannung S_R (slew-rate) zusammen. Bei einer Versorgungsspannung von $\pm 15V$ beträgt die Vollaussteuerung typischerweise $|U_a|_{voll} = 13V$.
Oberhalb von f_P muß dafür gesorgt werden, daß die Ausgangsspannung einen frequenzabhängigen Maximalwert nicht übersteigt:

$$f > f_P: \quad |U_a|_{max} = \frac{S_R}{2\pi f} \tag{13.7}$$

Beispiel mit typischen Werten (OPV$= \mu A741$): Die Eingangsspannung sei sinusförmig mit der Frequenz $f = 100\,kHz > f_P$, die Anstiegsgeschwindigkeit beträgt $S_R = 0{,}5\,V/\mu s$. Dann sollte die Ausgangsspannung $|U_a|$ nicht größer als $0{,}8\,V$ sein.

Man beachte, daß Gl. (13.7) für sinusförmige Signale gilt. Möchte man beispielsweise eine Rechteckspannung übertragen, so muß Gl. (13.7) auch für zumindest einige der Oberschwingungen erfüllt sein, wenn $V(\omega)$ als Übertragungsfunktion brauchbar sein soll.

Vereinfachte Übertragungsfunktion

Wenn der OPV derart beschaltet ist, daß für alle Frequenzen V_0 wesentlich größer ist als die Verstärkung des (rückgekoppelten) OPVs, kann Gl. (13.1) vereinfacht werden:

$$V_0 \to \infty \quad \Rightarrow \quad \boxed{V(\omega) = \frac{\omega_T}{j\omega}} \tag{13.8}$$

Für die meisten Anwendungen reicht diese vereinfachte Übertragungsfunktion völlig aus.

Offset-Spannung

Reale OPV besitzen auch dann eine Ausgangsspannung, die von Null abweicht, wenn der Differenzeingang kurzgeschlossen wird. Die Ausgangsspannung wird zu Null, wenn am Eingang die Offset-Spannung mit geeigneter Polung angelegt wird.

Einige OPV besitzen zusätzliche Anschlüsse, über die mittels eines Spannungsteilers die Offset-Spannung abgeglichen werden kann. Die praktische Ausführung dieser Offset-Kompensationsmaßnahmen findet man z. B. in [Dos, Lin] oder in den Datenbüchern der Hersteller.

Bei der Analyse der OPV-Schaltungen in diesem Buch wird stets davon ausgegangen, daß die Offset-Spannung abgeglichen ist bzw. vernachlässigt werden kann. Sollen nur Wechselspannungen übertragen werden (z. B. bei Hochpässen), ist die Offset-Spannung ohnehin bedeutungslos.

Der Typ μA 741

Der kompensierte Universal-OPV $\mu A\,741$ ist im Handel leicht erhältlich und erfüllt Gl. (13.1) in sehr guter Näherung. Seine Kenngrößen werden bei allen OPV-Schaltungen in diesem Buch verwendet, um Amplitudengang, Phasengang und Pulsantwort grafisch darzustellen. Seine Transitfrequenz beträgt $f_T = 1\,MHz$, die Gleichspannungsverstärkung $V_0 = 2 \cdot 10^5$.

Bei allen Berechnungen werden die Eingangs- und Ausgangsimpedanz als ideal angenommen. Dies ist zulässig, wenn der OPV-Eingang nicht zu hochohmig und der OPV-Ausgang nicht zu niederohmig beschaltet wird – verglichen mit den realen Werten für Z_e und Z_a.

13.1 Entkopplung durch OPV-Impedanzwandler

Ein Impedanzwandler zeichnet sich durch eine niedrige Ausgangsimpedanz und eine hohe Eingangsimpedanz aus, daher ist ein OPV für diese Aufgabe prädestiniert. Die Verstärkung ist im Idealfall gleich 1, d. h. das Eingangssignal soll sowohl bezüglich der Amplitude als auch der Phase unverändert bleiben. Der Sinn, einen Impedanzwandler einzusetzen, besteht darin, hochohmige Signalquellen (diese können nur geringe Ströme liefern) an niederohmige Verbraucher anzuschließen. Statt der Quelle liefert dann der Impedanzwandler den benötigten Strom.

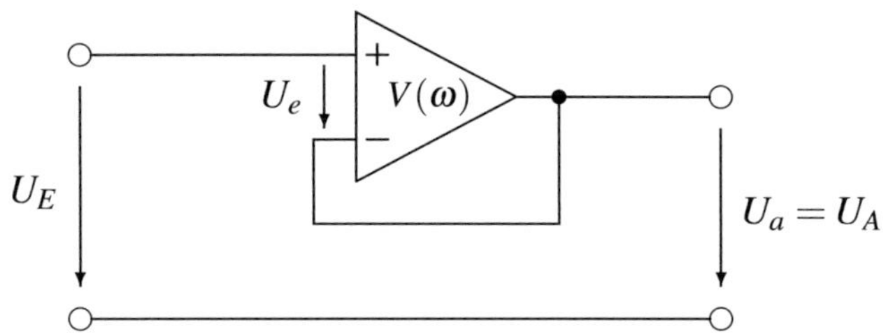

Abbildung 13.2: OPV als Impedanzwandler

Der Ausgang ist mit dem invertierenden Eingang direkt verbunden, man bezeichnet das als ‘vollständige Gegenkopplung’.
Ein Maschenumlauf ergibt: $-U_E + U_e + U_A = 0$

$$\Rightarrow \quad \frac{U_E}{U_A} = \frac{U_e}{U_A} + 1 = \frac{1}{V(\omega)} + 1 = \frac{1 + j\omega \frac{V_0}{\omega_T}}{V_0} + 1 = 1 + j\frac{\omega}{\omega_T}\,, \quad \text{da: } V_0 \gg 1$$

$$\boxed{\frac{U_A}{U_E} = G(\omega) = \frac{1}{1 + j\frac{\omega}{\omega_T}} \approx 1 \quad \text{für: } \omega < \omega_T} \tag{13.9}$$

Bei unkompensierten OP-Verstärkern wird schon für relativ kleine Frequenzen eine beträchtliche Phasenverschiebung verursacht, das heißt, $G(\omega < \omega_T)$ besitzt einen imaginären Anteil. Aus diesem Grund schwingen unkompensierte OPV bei voller Rückkopplung hochfrequent und sind als Impedanzwandler nach Abb. 13.2 *nicht* geeignet. Durch Impedanzwandler können Vierpole voneinander *entkoppelt* werden, was anhand eines 2-stufigen Tiefpasses verdeutlicht werden soll:

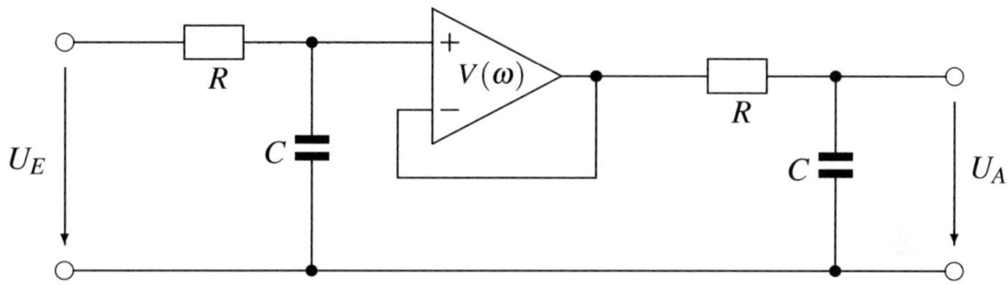

Abbildung 13.3: Aktive Entkopplung durch OPV-Impedanzwandler

Die Übertragungsfunktion dieser Schaltung lautet:

$$G(\omega) = \left\{G(\omega)_{TP\,1.Ordnung}\right\}^2 = \frac{1}{(1 + j\omega RC)^2}$$

Der wesentliche Vorteil der *aktiven* Entkopplung besteht darin, daß die Bauteile-Werte (hier für R und C) in weiten Grenzen beliebig wählbar sind, ohne daß die zweite Tiefpaß-Stufe die erste beeinflußt.

13.2 Unkompensierte OPV

Operationsverstärker mit großer Transitfrequenz besitzen in der Regel keine interne Frequenzgang-Korrektur; derartige OPV werden als *unkompensiert* bezeichnet. Leider findet man in vielen Datenbüchern keinen expliziten Hinweis darauf, ob die OPV intern kompensiert sind oder nicht. Hohe Transitfrequenzen ($> 10\,MHz$) deuten auf unkompensierte oder gering kompensierte Typen hin.

Übertragungsfunktion

$$\frac{U_a}{U_e} = V(\omega)' = \frac{V_0}{\left(1 + j\frac{\omega}{\omega_1}\right)\left(1 + j\frac{\omega}{\omega_2}\right)\left(1 + j\frac{\omega}{\omega_3}\right)} \tag{13.10}$$

$$\text{mit:} \quad \omega_1 < \omega_2 < \omega_3 < \omega_T{}'$$

$\omega_T{}'$ ist die Transitfrequenz des unkompensierten OPVs.

$V(\omega)'$ entspricht der Übertragungsfunktion eines dreistufigen Tiefpasses, wobei $\omega_1, \omega_2, \omega_3$ die drei Grenzfrequenzen sind. Verursacht wird dieses Tiefpaßverhalten durch parasitäre Kapazitäten der integrierten Verstärkerstufen.

Verstärkungsgang
Nach dem Ausmultiplizieren des Nenners und Sortierung der Terme lautet die Übertragungsfunktion:

$$V(\omega)' = \frac{V_0}{1 - \omega^2 b + j(\omega a - \omega^3 c)}$$

$$\text{mit:} \quad a = \frac{1}{\omega_1} + \frac{1}{\omega_2} + \frac{1}{\omega_3}, \quad b = \frac{1}{\omega_1 \omega_2} + \frac{1}{\omega_1 \omega_3} + \frac{1}{\omega_2 \omega_3}, \quad c = \frac{1}{\omega_1 \omega_2 \omega_3}$$

Durch Betragsbildung von $V(\omega)$ ergibt sich der Verstärkungsgang:

$$\frac{|U_a|}{|U_e|} = |V(\omega)'| = \frac{V_0}{\sqrt{(1 - \omega^2 b)^2 + (\omega a - \omega^3 c)^2}} \tag{13.11}$$

Phasengang

$$\phi(\omega)' = \frac{180^o}{\pi} \cdot arctan\left(-\frac{\omega a - \omega^3 c}{1 - \omega^2 b}\right) - 180^o \cdot \sigma\left(\omega - \frac{1}{\sqrt{b}}\right) \tag{13.12}$$

Am Ende dieses Kapitels sind die typischen Verläufe von Verstärkungs- und Phasengang grafisch dargestellt.

Oberhalb jeder der Grenzfrequenzen weist der Verstärkungsgang eine Zunahme der Dämpfung um -20 dB/Dekade auf. Gravierender für das Übertragungsverhalten ist jedoch der Phasengang, denn nach jeder Grenzfrequenz nimmt die Phasenverschiebung $\phi(\omega)$ zwischen U_e und U_a um -90° zu. $\phi(\omega)$ kann demnach bis zu -270° betragen.
Wird nun ein Rückkopplungswiderstand zwischen Ausgang und invertierenden Eingang geschaltet, kann aus einer beabsichtigten *Gegenkopplung* leicht eine ungewollte *Mitkopplung* werden, was zu Eigenschwingungen des OPVs führen kann. Die beiden Formen der Rückkopplung sind folgendermaßen definiert:

$$\text{100\%ige Gegenkopplung} \quad \longleftrightarrow \quad \phi = \pm 180^o$$

$$\text{100\%ige Mitkopplung} \quad \longleftrightarrow \quad \phi = 0^o$$

Zu beachten ist, daß eine ohmsche Rückkopplung auf den *invertierenden* Eingang bereits einer Phasenverschiebung von $\pm 180^o$, also einer 100%igen Gegenkopplung bei $\omega = 0$, entspricht. Mit steigender Frequenz kommt die interne Phasenverschiebung des OPVs hinzu. Der Übergang von Gegen- zu Mitkopplung ist demnach – abhängig von der Frequenz – fließend. Ob und wie ausgeprägt eine OPV-Schaltung schwingt, hängt sowohl von der Phasenverschiebung als auch von der Verstärkung, die ebenfalls durch den Rückkopplungswiderstand beeinflußt wird, ab. Die Phasendifferenz zur 100%igen Mitkopplung bezeichnet man als *Phasenreserve*:

$$\text{Phasenreserve} = 180^o - |\phi(\omega)|$$

Universell kompensierte OPV (wie $\mu A\,741$) verfügen bei allen Frequenzen, bei denen die Verstärkung größer als 1 ist, über eine Phasenreserve von mindestens 60°, was bei beliebiger ohmscher Rückkopplung zur Vermeidung von Eigenschwingungen ausreicht.
Unkompensierte OPV besitzen diese Phasenreserve nicht bei allen Frequenzen; im Bereich $\omega_2 < \omega < \omega_3$ wird die Phasenreserve sogar Null.

Das Fazit dieser Überlegungen ist, daß der Vorteil einer hohen Transitfrequenz bei unkompensierten OP-Verstärkern durch ein ungünstiges (zu Eigenschwingungen neigendes) Übertragungsverhalten erkauft wird.
An sich müßte bei der Analyse von Schaltungen mit unkompensierten OP-Verstärkern stets $V(\omega)'$ aus Gl. (13.10) verwendet werden, was aber oft nicht möglich ist, weil die Grenzfrequenzen $\omega_1, \omega_2, \omega_3$ in Datenbüchern meist nicht explizit angegeben werden.
Wenn man auf die hohe Transitfrequenz nicht verzichten möchte, muß man durch die Beschaltung des OPVs dafür sorgen, daß Eigenschwingungen nicht auftreten. Zu erreichen ist dies mit einer ausreichend schwachen Rückkopplung, die man durch die Verwendung möglichst großer, ohmscher Rückkopplungswiderstände erhält.
Der OPV kann dann entweder als *ideal* betrachtet werden ($V(\omega) \rightarrow \infty$), oder es wird als Näherung die Übertragungsfunktion des unkompensierten OPVs verwendet. Letzteres ist insbesondere dann sinnvoll, wenn die durch den OPV verursachte Bandbreitenbeschränkung ermittelt werden soll. In diesem Fall ist in Gl. (13.1) bzw. Gl. (13.8) die Transitfrequenz des unkompensierten OPVs einzusetzen.
Wie im letzten Unterkapitel schon erwähnt wurde, sind unkompensierte OPV als Impedanzwandler *nicht* geeignet, da sie bei vollständiger Rückkopplung hochfrequent schwingen.

Frequenzgang-Korrektur (Kompensation)
Was hier korrigiert bzw. kompensiert werden soll, ist die Schwingungsneigung unkompensierter OPV. Dazu prägt man dem OPV ein Tiefpaß-Verhalten 1. Ordnung auf. Das heißt, das Übertragungsverhalten wird nicht mehr durch $V(\omega)'$ richtig beschrieben, sondern durch Gl. (13.1), welche die Übertragungsfunktion des *kompensierten* OPVs enthält. Mit der Übertragungsfunktion werden natürlich auch der Amplituden- und der Phasengang verändert. Die Transitfrequenz wird dabei beträchtlich verringert:

$$\text{Frequenzgang-Korrektur:} \quad \longrightarrow \quad \omega_1 < \omega_T < \omega_2 < \omega_3 < \omega_T{}'$$

Das Resultat dieser Transitfrequenz-Absenkung ist ein Verstärkungsfaktor kleiner als 1 in dem (kritischen) Frequenzbereich, in welchem die Phasenreserve deutlich kleiner als 60° ist. Die Schwingungsneigung ist unter diesen Bedingungen ausreichend unterdückt. Hinweise zur nachträglichen Frequenzgang-Korrektur findet man z. B. in [Dos, Lin, Tie] und den Datenbüchern der Hersteller.

13.3 OPV im linearen Netzwerk

Wenn in einem linearen Netzwerk ein OPV eingebaut ist, stellt sich die Frage, wie dessen Übertragungsverhalten berücksichtigt werden kann.

Idealer OPV
Zunächst gibt es immer die Möglichkeit, den OPV als *ideal* anzunehmen, was zu folgenden Vereinfachungen führt:

$$V(\omega) = \frac{U_a}{U_e} = \infty \qquad \Leftrightarrow \qquad U_e = 0$$

In diesem Fall geht man von einem *virtuellen Kurzschluß* zwischen den Eingängen des OPVs aus und setzt in den zugehörigen Maschengleichungen für U_e Null ein. Im gesamten Gleichungssystem taucht dann weder U_e noch U_a oder $V(\omega)$ auf. Natürlich besteht nicht wirklich ein Kurzschluß zwischen den OPV-Eingängen – im Gegenteil: der Eingangswiderstand ist sehr hochohmig. Die Differenzeingangsspannung U_e ist jedoch wegen der hohen Verstärkung des OPVs vernachlässigbar klein (daher: *virtueller* Kurzschluß). Der OPV-Eingangsstrom I_e wird in der Regel ebenfalls vernachlässigt, kann aber bei Bedarf als bekannte Größe (Datenbuch) in die entprechende Knotengleichung aufgenommen werden. Die Annahme eines idealen OPVs ist zulässig, wenn die Verstärkung der Gesamtschaltung klein ist (in der Größenordnung 1) *und* nur Frequenzen deutlich unterhalb von f_T betrachtet werden sollen.

Realer OPV

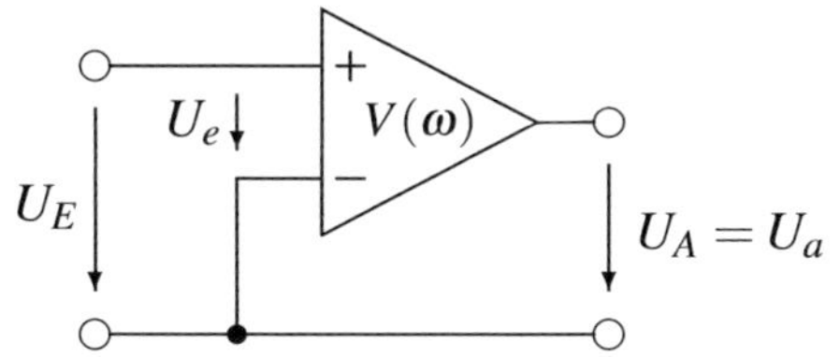

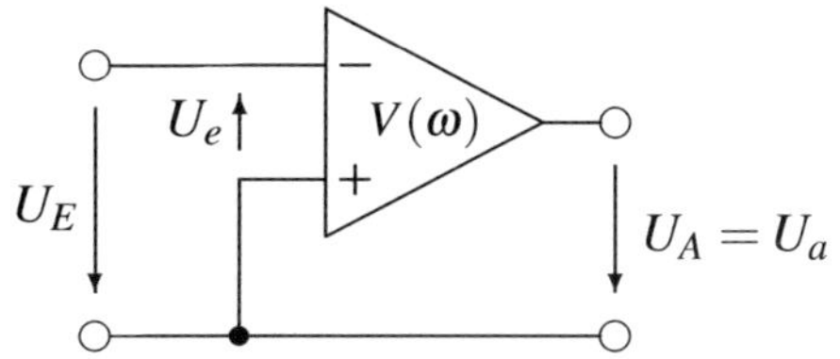

Bei der oben vorgestellten Methode (idealer OPV) werden die *realen* Einflüsse des OPVs, insbesondere dessen Tiefpaß-Verhalten, unterschlagen. Um die OPV-Übertragungsfunktion $V(\omega)$ in die Gesamtübertragungsfunktion $G(\omega)$ einzubeziehen, müssen die OPV-Eingangs- und Ausgangsspannung, U_e und U_a, in den Maschengleichungen berücksichtigt werden. Ist einer der OPV-Eingänge mit dem Bezugspotential für U_A (in der Regel die *Masse*) verbunden, so ist:

$$U_A = U_a = U_e \cdot V(\omega)$$

Bemerkung: Alle angegebenen Spannungen sind natürlich komplex.

Schwieriger wird es, wenn keiner der OPV-Eingänge mit dem Bezugspotential für U_A verbunden ist. Als Beispiel soll der nicht-invertierende Verstärker dienen:

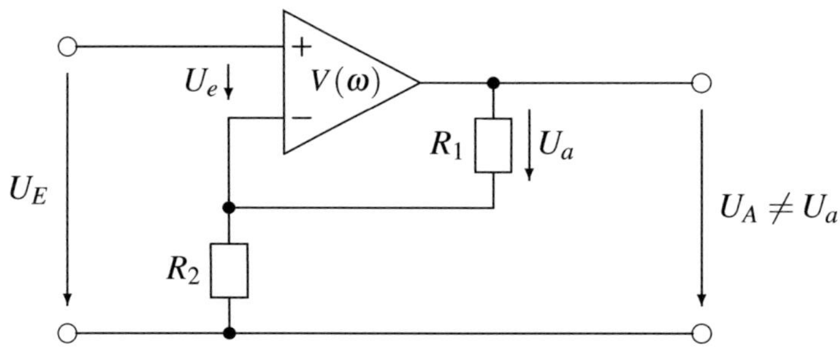

Hier ist der Zusammenhang zwischen U_a und U_A durch die Spannungsteiler-Regel gegeben:

$$U_A = U_a + U_A \frac{R_2}{R_1 + R_2} = U_e \cdot V(\omega) + U_A \frac{R_2}{R_1 + R_2}$$

Ebenso wie im oberen Fall wird U_a durch $U_e \cdot V(\omega)$ ersetzt; als Unbekannte verbleibt U_e, da $V(\omega)$ bekannt ist. U_e wird bei der Lösung des Gleichungssystems, d. h. der Bildung von $\frac{U_A}{U_E}$, eliminiert.
In der Übertragungsfunktion der Gesamtschaltung tritt also $V(\omega)$ auf, wodurch der OPV-Einfluß berücksichtigt wird. Wenn die Verstärkung der Gesamtschaltung wesentlich kleiner als V_0 bleibt (das trifft für die meisten Anwendungen zu), genügt es, die *vereinfachte* OPV-Übertragungsfunktion ein-

zusetzen:

$$V(\omega) = \frac{\omega_T}{j\omega}$$

$V(\omega)$ macht sich um so mehr im Übertragungsverhalten bemerkbar, je größer die Verstärkung $|G(\omega)|$ der Gesamtschaltung ist.
Wie beim idealen OPV kann auch hier der OPV-Eingangsstrom I_e wahlweise vernachlässigt oder in den Netzwerk-Gleichungen berücksichtigt werden.

In den Schaltungs-Beispielen in diesem Buch wird I_e stets vernachlässigt, während $V(\omega)$ dort, wo es sinnvoll ist und der Rechenaufwand vertretbar bleibt, in die Analyse einbezogen wird.

13.4 OPV-Grundschaltungen

Mit Operationsverstärkern lassen sich recht einfach analoge, mathematische Rechenoperationen durchführen. Zwei Schaltungen dieser Art – *Integrator* und *Differentiator* – werden in diesem Buch behandelt (Kapitel 22). Desweiteren lassen sich realisieren: *Addierer, Subtrahierer, Multiplizierer, Dividierer, Radizierer (Quadratwurzel), Potenzierer* und *Logarithmierer*, um die wichtigsten zu nennen. Addierer und Subtrahierer sind Variationen des invertierenden Verstärkers (Kapitel 19.1); bei den übrigen Rechenschaltungen können Dioden verwendet werden, um die nichtlinearen Eigenschaften zu erhalten. Für die nichtlinearen Operationen werden z. T. mehrere OPV benötigt, daher sind hier integrierte Bausteine zu empfehlen.
Zur Meßwerterfassung gibt es darüber hinaus folgende OPV-Schaltungen: *Sample-and-Hold, Lock-In-Verstärker (phasenempfindlicher Gleichrichter), Komparator, Schmitt-Trigger, Impulsformer, Gleichrichter, Spitzenspannungs-Detektor* u. v. a.
Alle gennanten Schaltungen findet man mit einer kurzen Herleitung der Funktionsweise (unter Annahme idealer OPV-Eigenschaften, d. h. $V(\omega) = \infty$) in [Roh].

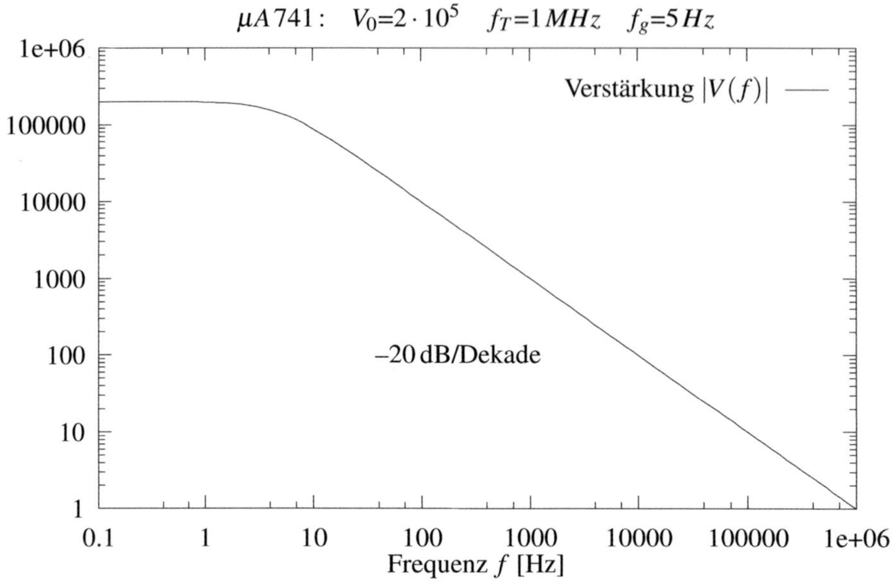

Abbildung 13.4: Kompensierter OPV (Verstärkungsgang)

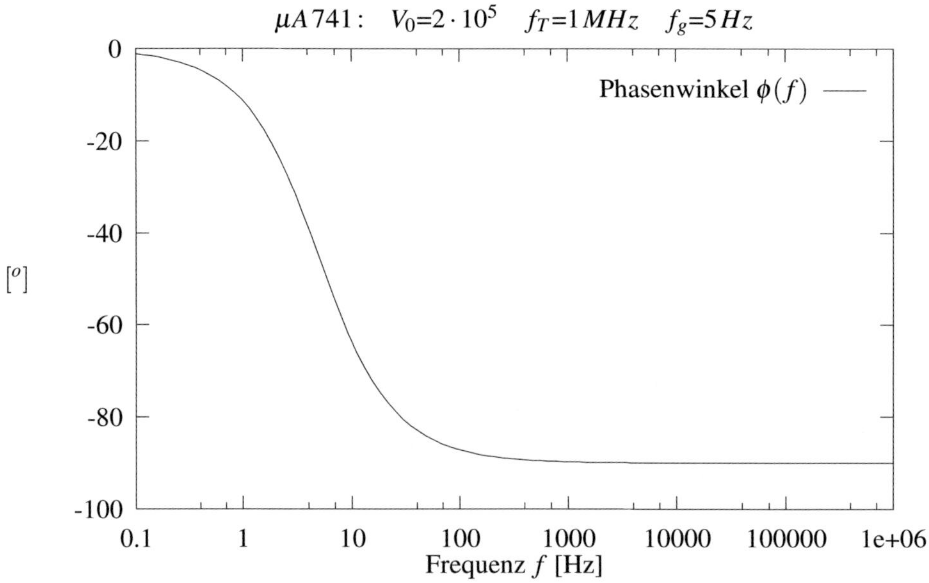

Abbildung 13.5: Kompensierter OPV (Phasengang)

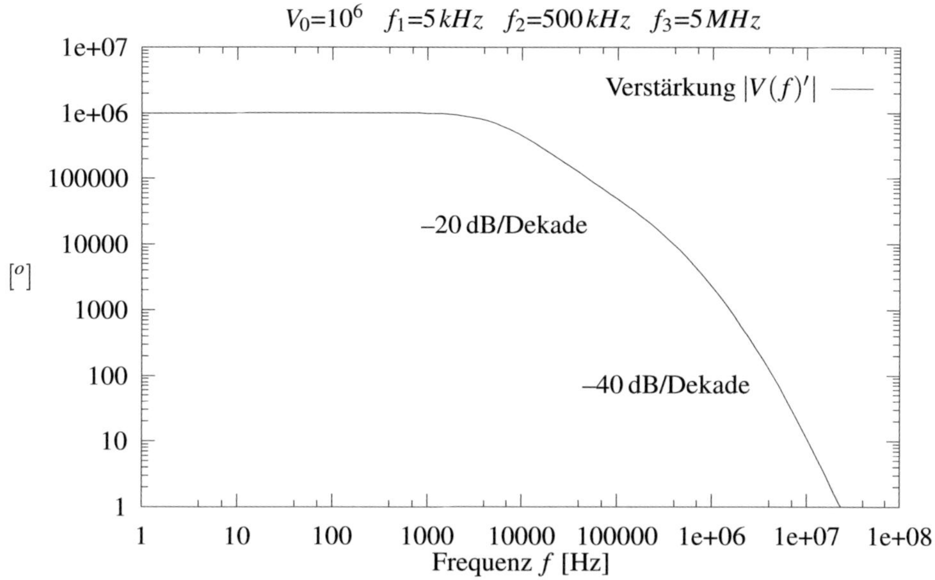

Abbildung 13.6: Unkompensierter OPV (Verstärkungsgang)

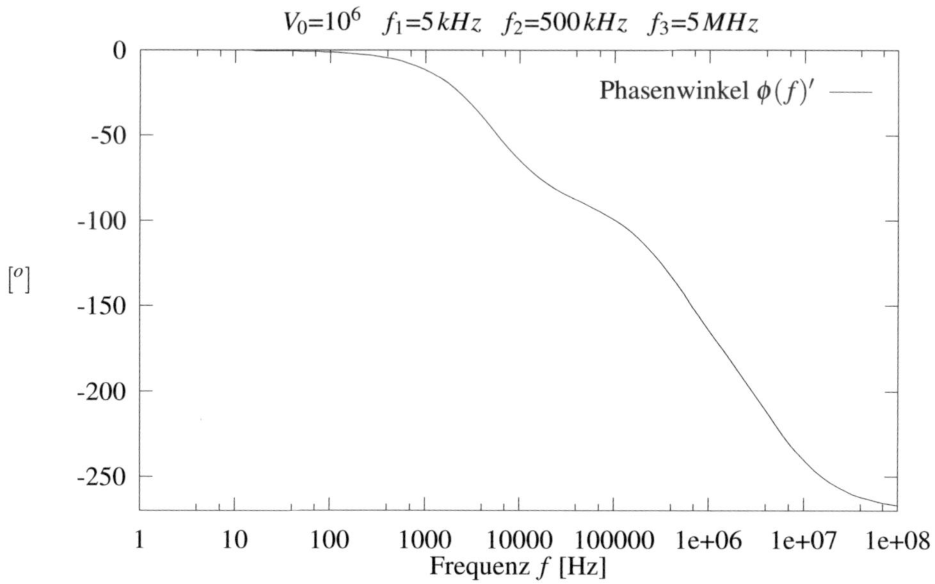

Abbildung 13.7: Unkompensierter OPV (Phasengang)

14 Invertierende Grundschaltung

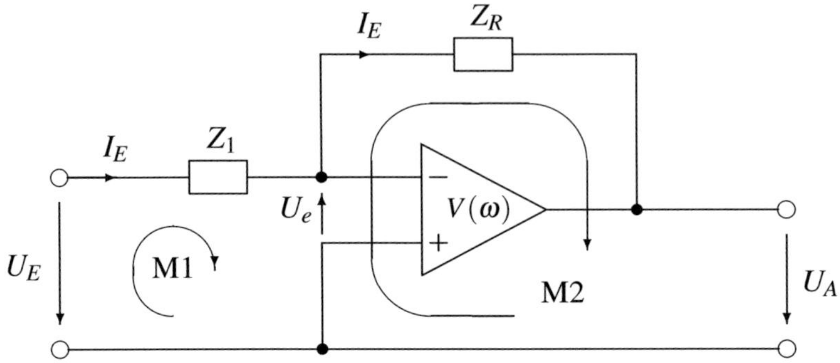

Abbildung 14.1: OPV mit invertierender Grundbeschaltung

Z_1 und Z_R sind beliebige, komplexe Widerstände; sie können also auch komplexe (lineare) Netzwerke repräsentieren. Da Z_R den Ausgang mit dem invertierenden Eingang verbindet, bezeichnet man ihn als *R*ückkopplungswiderstand. Die in Abb. 14.1 gezeigte *invertierende Grundschaltung* bildet die Grundlage für eine Reihe von gebräuchlichen Standardschaltungen. In diesem Kapitel wird zunächst die allgemeine Übertragungsfunktion der invertierenden Grundschaltung unter Einbeziehung der OPV-Eigenschaften berechnet. Später, wenn eine genauere Spezifizierung von Z_1 und Z_R vorliegt, wird darauf zurückgegriffen.

Es wird vorausgesetzt, daß die Eingangsimpedanz des OPVs sehr groß ist, so daß der Eingangsstrom I_E komplett über Z_R fließt. Die beiden Maschengleichungen zur Analyse des Netzwerks lauten dann:

$$\begin{array}{lrcrcrcl} \text{M1} \rightarrow Gl.\,I: & -U_E & + & I_E Z_1 & - & U_e & = & 0 \\ \text{M2} \rightarrow Gl.\,II: & I_E Z_R & + & U_A & + & U_e & = & 0 \end{array}$$

Gl. I wird nach I_E aufgelöst:

$$I_E = \frac{U_E + U_e}{Z_1}, \quad \text{mit:} \quad U_e = \frac{U_a}{V(\omega)} = \frac{U_A}{V(\omega)} \tag{14.1}$$

Die rechte Seite von Gl. (14.1) wird in Gl. II eingesetzt und dadurch der Hilfsstrom I_E eliminiert; außerdem ist U_e durch $\frac{U_A}{V(\omega)}$ zu ersetzen.

$$Gl.\,II: \quad \left(U_E + \frac{U_A}{V(\omega)}\right)\frac{Z_R}{Z_1} + U_A + \frac{U_A}{V(\omega)} = 0$$

Daraus ergibt sich das Verhältnis von U_A zu U_E und somit die Übertragungsfunktion:

$$\boxed{\frac{U_A}{U_E} = G(\omega) = -\frac{1}{\frac{1}{V(\omega)} + \frac{Z_1}{Z_R}\left(1 + \frac{1}{V(\omega)}\right)}} \qquad (14.2)$$

Bei Annahme eines idealen OPVs vereinfacht sich die Übertragungsfunktion zu:

$$V(\omega) \to \infty \quad \Rightarrow \quad \boxed{G(\omega) = -\frac{Z_R}{Z_1}} \qquad (14.3)$$

Wegen $U_e \to 0$ ist der Eingangswiderstand der invertierenden Grundschaltung (mit idealem OPV): $Z_E = Z_1$.

Die folgende Tabelle gibt an, welche Schaltungstypen mit der invertierenden Grundschaltung realisiert werden können:

Schaltungstyp	Z_1	Z_R
invertierender Verstärker	R_1	R_R
Integrator	R_1	X_{C_R}
Differentiator	X_{C_1}	R_R
Tiefpaß 1. Ordnung	R_1	$R_R \parallel X_{C_R}$
Hochpaß 1. Ordnung	$R_1 + X_{C_1}$	R_R
PID-Regler	$R_1 \parallel X_{C_1}$	$R_R + X_{C_R}$

Tabelle 14.1: Realisierbare Schaltungstypen

15 Aktive Tiefpässe

Durch die Verwendung von OP-Verstärkern können Filter mit Eigenschaften realisiert werden, die durch RC-Netzwerke nicht erreichbar sind. Einer der Vorteile aktiver Filter gegenüber passiven Filtern besteht darin, daß ein (weitgehend) frequenzunabhängiger Verstärkungsfaktor (> 1) eingebaut werden kann. Ein anderer Vorteil ist die höhere Belastbarkeit der aktiven Filter, da der Filterausgang in der Regel ein OPV-Ausgang ist. Desweiteren können durch OPV-Schaltungen die Eigenschaften von RLC-Netzwerken simuliert werden. Da unterhalb von etwa $50\,kHz$ sehr große Induktivitäten (L) zum Filterbau benötigt würden, müßte man Spulen mit schlechten elektrischen Eigenschaften (hohe Verlustwiderstände, Hysterese-Erscheinungen) in Kauf nehmen. Mit OPV-Schaltungen, die die gleiche Übertragungsfunktion wie die RLC-Filter besitzen, vermeidet man diese Nachteile.
Durch geeignete Beschaltung von OP-Verstärkern können spezielle Filtercharakteristiken (z. B. Bessel-, Butterworth-, Tschebyscheff-Filter) realisiert werden. Eine systematische Beschreibung solcher Spezialfilter findet man z. B. in [Tie, Vah2, Wan].
In diesem Buch werden die Filter nach ihrer Ordnung kategorisiert. Die Auswahl der Filter erfolgte unter dem Aspekt der leichten Realisierbarkeit; die Erzeugung verschiedener Filtercharakteristiken wird exemplarisch am aktiven Tiefpaß 2. Ordnung erläutert.
Speziell bei den aktiven Tiefpässen kann das OPV-Übertragungsverhalten als ideal angenommen werden ($V(\omega) \to \infty$). Solange die Verstärkung nicht wesentlich größer als 1 ist und die Grenzfrequenz deutlich unterhalb der Transitfrequenz des OPVs liegt, entsteht dadurch kein praxisrelevanter Fehler.

15.1 Tiefpaß 1. Ordnung

Die Schaltung basiert auf der invertierenden Grundschaltung, wir können daher auf die in Kapitel 14 berechnete allgemeine Übertragungsfunktion

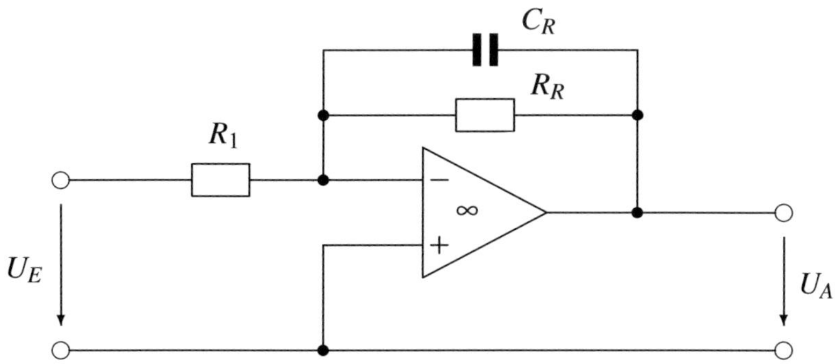

Abbildung 15.1: Aktiver Tiefpaß 1. Ordnung

zurückgreifen (siehe Gl. (14.3)).

Übertragungsfunktion

Unter der Annahme, daß es sich um einen idealen OPV handelt ($V(\omega) \to \infty$), lautet die Übertragungsfunktion:

$$G(\omega) = -\frac{Z_R}{Z_1} = -\frac{R_R \parallel X_{C_R}}{R_1} = -\frac{\frac{R_R}{1+j\omega R_R C_R}}{R_1}$$

$$\frac{U_A}{U_E} = G(\omega) = -\frac{R_R}{R_1} \cdot \frac{1}{1 + j\omega R_R C_R} \qquad (15.1)$$

Abgesehen von dem Verstärkungsfaktor $-\frac{R_R}{R_1}$ ist $G(\omega)$ identisch mit der Übertragungsfunktion des passiven Tiefpasses 1. Ordnung, daher können dessen Amplituden- und Phasengang, Grenzfrequenz und Pulsantwort unter Hinzufügung des Verstärkungsfaktors übernommen werden.

Amplitudengang

$$\frac{|U_A|}{|U_E|} = |G(\omega)| = \frac{R_R}{R_1} \cdot \frac{1}{\sqrt{1 + (\omega R_R C_R)^2}} \qquad (15.2)$$

Alle Tiefpässe *1. Ordnung* besitzen dieselbe Filtercharakteristik; sie wird als ‘kritische Dämpfung’ bezeichnet.

Grenzfrequenz

$$f_g = \frac{\omega_g}{2\pi} = \frac{1}{2\pi R_R C_R} \tag{15.3}$$

Phasengang

$$\phi(\omega) = -\frac{180^o}{\pi} \cdot arctan\,(\omega R_R C_R) \; - 180^o \tag{15.4}$$

Die Invertierung des Eingangssignals wird durch die *Addition von* -180° *bei allen Frequenzen* berücksichtigt.

Pulsantwort

$$U_A(t) = -\frac{R_R}{R_1}\,|U_E|\,\left[\left(1 - e^{-\omega_g t}\right) - \sigma(t-\tau)\cdot\left(1 - e^{-\omega_g(t-\tau)}\right)\right] \tag{15.5}$$

Da sich das Übertragungsverhalten im Prinzip nicht von dem des passiven Tiefpasses 1. Ordnung unterscheidet, wird bezüglich der grafischen Darstellung von Amplitudengang, Phasengang und Pulsantwort auf Kapitel 8 verwiesen.

Ein Vorteil dieser Schaltung gegenüber einem passiven Tiefpaß 1. Ordnung besteht darin, daß ein Verstärkungsfaktor (größer als 1) eingebaut werden kann. Der andere wesentliche Vorteil ist die deutlich höhere Belastbarkeit des Tiefpaß-Ausgangs, denn die Ausgangsimpedanz wird durch den OPV bestimmt. Nachteilig ist die Invertierung des Eingangssignals.

15.2 Tiefpaß 2. Ordnung

Wir kommen nun zu einem Tiefpaß, bei dem verschiedene Filtercharakteristiken durch das Verhältnis $\frac{R_1}{R_2}$ eingestellt werden können. Da der nichtinvertierende Eingang des OPVs über R und C mit dem Ausgang verbunden ist, liegt hier eine Einfach*mit*kopplung vor.

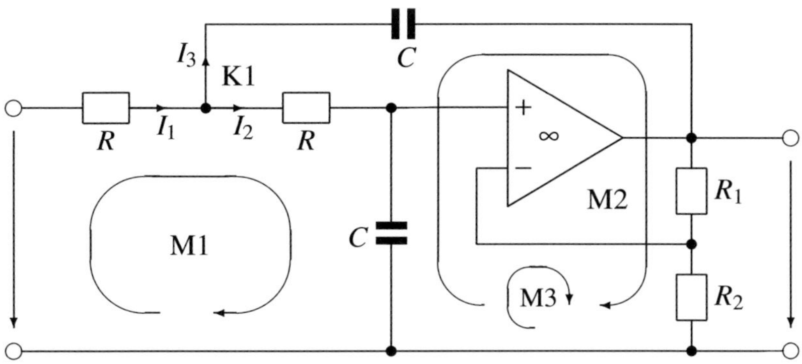

Abbildung 15.2: Aktiver Tiefpaß 2. Ordnung

Übertragungsfunktion

Wie im Schaltbild zu sehen ist, werden drei Hilfsströme (I_1, I_2, I_3) benötigt, um allen Zweigen der Schaltung eine Spannung zuordnen zu können. Dabei wurden folgende Annahmen gemacht:

▷ Der OPV habe ideale Eigenschaften:
$V(\omega) = \infty \quad \rightarrow \quad U_e = 0\,, \qquad I_e = 0$
Da in den OPV kein Strom fließt ($I_e = 0$), fließt I_2 komplett über den mit dem Bezugspotential verbundenen Kondensator ab.

▷ Der Ausgang der Schaltung sei unbelastet.

Es liegen vier unbekannte Größen (I_1, I_2, I_3, U_A) vor, daher werden auch vier linear unabhängige Gleichungen benötigt, um U_A und damit die Übertragungsfunktion zu bestimmen. Die drei Hilfströme könnten zwar ebenfalls explizit (in Abhängigkeit von U_E) bestimmt werden, sie dienen hier jedoch nur dazu, ein lineares Gleichungssystem aufstellen zu können, das die Schaltung beschreibt. Die benötigten vier Gleichungen ergeben sich aus den Maschenumläufen M1, M2 und M3 sowie dem Knoten K1.

$$\begin{array}{llcrcrcrcl}
\text{M1} & \rightarrow Gl.\,I: & -U_E & + & I_1 R & + & I_2(R+X_C) & = & 0 \\
\text{M2} & \rightarrow Gl.\,II: & I_3 X_C & + & U_A & - & I_2(R+X_C) & = & 0 \\
\text{M3} & \rightarrow Gl.\,III: & & & -I_2 X_C & + & \frac{R_2}{R_1+R_2} U_A & = & 0 \\
\text{K1} & \rightarrow Gl.\,IV: & I_1 & - & I_2 & - & I_3 & = & 0
\end{array}$$

Dieses lineare Gleichungssystem liefert folgende Koeffizientenmatrix:

$Gl.$	I_1	I_2	I_3	U_A	U_E
VI	1	-1	-1	0	0
III	0	$-X_C$	0	$\frac{R_2}{R_1+R_2}$	0
I	R	$R+X_C$	0	0	1
II	0	$-R-X_C$	X_C	1	0

Gleichung II wurde in die 4. Zeile geschrieben, um in der linken, unteren Ecke der Matrix direkt eine Null zu erhalten. Durch folgende Gleichungsumformungen kann die Matrix in die Dreiecksgestalt überführt werden:

$$I - R\cdot IV \rightarrow I\,,\quad R\cdot IV \rightarrow IV\,,$$

$$I - III \rightarrow I\,,\quad 2\cdot II \rightarrow II\,,\quad II + I \rightarrow II\,,$$

$$\frac{2R+2X_C}{X_C}\cdot III + I \rightarrow I\,,\quad II - \frac{R+2X_C}{R}\cdot I \rightarrow II$$

Ergebnis dieser Umformungen ist folgende Matrix:

$Gl.$	I_1	I_2	I_3	U_A	U_E
VI	R	$-R$	$-R$	0	0
III	0	$-X_C$	0	$\frac{R_2}{R_1+R_2}$	0
I	0	0	R	$\frac{R_2}{R_1+R_2}\left(\frac{2R+2X_C}{X_C}-1\right)$	1
II	0	0	0	$\frac{R_2}{R_1+R_2}\left(\frac{2R_1}{R_2}+1-\frac{R+2X_C}{R}\left(\frac{2R+2X_C}{X_C}-1\right)\right)$	$-\frac{2X_C}{R}$

Gl. II liefert einen linearen Zusammenhang zwischen U_A und U_E und damit die gesuchte Übertragungsfunktion.

$$\frac{R_2}{R_1+R_2}\left(\frac{2R_1}{R_2}+1-\left(1+\frac{2X_C}{R}\right)\left(\frac{2R}{X_C}+1\right)\right)U_A = -\frac{2X_C}{R}U_E$$

$$\Rightarrow \cdots \Rightarrow \quad \frac{R_2}{R_1+R_2}\left(1+\frac{R^2}{{X_C}^2}+\frac{R}{X_C}\left(2-\frac{R_1}{R_2}\right)\right)U_A = U_E \qquad (15.6)$$

Mit $X_C = \frac{1}{j\omega C}$ folgt daraus:

$$\frac{U_A}{U_E} = G(\omega) = \frac{1+\frac{R_1}{R_2}}{1-(\omega RC)^2 + j\omega RC\left(2-\frac{R_1}{R_2}\right)} \qquad (15.7)$$

Amplitudengang
Gemäß Gl. (6.5) ergibt sich der Betrag von $G(\omega)$ zu:

$$\frac{|U_A|}{|U_E|} = |G(\omega)| = \frac{1+\frac{R_1}{R_2}}{\sqrt{\left(1-(\omega RC)^2\right)^2 + \left(\omega RC\left(2-\frac{R_1}{R_2}\right)\right)^2}} \qquad (15.8)$$

Phasengang
Der komplex konjugierte Nenner von $G(\omega)$ liefert Real- und Imaginärteil für die Berechnung des Phasengangs.

$$\phi(\omega) = \frac{180^o}{\pi}\cdot arctan\left(-\frac{\omega RC\left(2-\frac{R_1}{R_2}\right)}{1-(\omega RC)^2}\right) - 180^o\cdot\sigma\left(\omega-\frac{1}{RC}\right) \qquad (15.9)$$

Die ungerade Polstelle im Argument der *arctan*-Funktion ist, wie üblich, durch einen Phasensprung um -180° bei $\omega = \frac{1}{RC}$ zu kompensieren.

Grenzfrequenz

$$\frac{|G(\omega_g)|}{|G(\omega=0)|} = \frac{1}{\sqrt{2}} \quad \Rightarrow \quad \left(1-(\omega_g RC)^2\right)^2 + \left(\omega_g RC\left(2-\frac{R_1}{R_2}\right)\right)^2 = 2$$

Mit der Substitution $(\omega RC)^2 = x$ ergibt sich eine quadratische Gleichung, deren positive, reelle Lösung die Grenzfrequenz liefert.

$$f_g = \frac{\omega_g}{2\pi} = \frac{1}{2\pi RC}\sqrt{\frac{R_1}{2R_2}+\sqrt{\left(\frac{R_1}{2R_2}\right)^2+1}} \approx \frac{1}{2\pi RC}\left(1+\frac{5}{16}\frac{R_1}{R_2}\right) \tag{15.10}$$

Die rechts stehende Näherung erhält man durch zweimalige Anwendung folgender Reihenentwicklung: $\sqrt{1+x} = 1+\frac{1}{2}x-\cdots$ für: $|x| \leq 1$

Sprungantwort

Zur Reduzierung des Schreibaufwands wird hier statt der Pulsantwort die Sprungantwort berechnet. Darüber hinaus lassen sich die Sprungantworten *verschiedener* Filtertypen in *einem* Bild übersichtlicher darstellen als die Pulsantworten. (Siehe grafische Darstellungen am Ende des Kapitels.)

Mit $G_0 = 1+\frac{R_1}{R_2}$ und $s = j\omega$ lautet die Übertragungsfunktion:

$$G(s) = \frac{G_0}{(RC)^2 s^2 + RC(3-G_0)s+1} = \frac{G_0}{(RC)^2}\,\frac{1}{s^2+\frac{3-G_0}{RC}s+\frac{1}{(RC)^2}}$$

Die Laplace-transformierte Ausgangsspannung lautet:

$$U_A(s) = U_E(s)\cdot G(s) = |U_E|\,\frac{G_0}{(RC)^2}\,\frac{1}{s\left(s^2+\frac{3-G_0}{RC}s+\frac{1}{(RC)^2}\right)}$$

Folgende Korrespondenz wird benötigt:

$$\frac{1}{s\left(s^2+2k_1 s+{k_2}^2\right)} \;\bullet\!\!-\!\!\!-\!\!\circ\; \frac{1}{{k_2}^2}\left[1-e^{-k_1 t}\left\{\frac{k_1}{k_3}sin(k_3 t)+cos(k_3 t)\right\}\right]$$

$$\text{für:}\quad {k_2}^2-{k_1}^2 = {k_3}^2 > 0$$

Durch Rücktransformation von $U_A(s)$ ergibt sich die Sprungantwort:

$$U_E(t) = |U_E|\,G_0\left[1-e^{-k_1 t}\left\{\frac{k_1}{k_3}sin(k_3 t)+cos(k_3 t)\right\}\right] \tag{15.11}$$

$$\text{mit:} \quad k_1 = \frac{3-G_0}{2RC}\,, \quad k_2 = \frac{1}{RC}\,, \quad k_3 = \frac{1}{RC}\sqrt{1-\left(\frac{3-G_0}{2}\right)^2}$$

15.2.1 Einstellen einer Filtercharakteristik

Die allgemeine Übertragungsfunktion eines Tiefpasses 2. Ordnung hat in der üblichen Schreibweise folgende Form:

$$G(\omega) = \frac{G_0}{1+a_1P+b_1P^2} \qquad \text{mit:} \quad P = j\frac{\omega}{\omega_g} \tag{15.12}$$

Die Faktoren a_1 und b_1 legen die Filtercharakteristik fest. Es soll hier exemplarisch anhand des soeben behandelten Tiefpasses 2. Ordnung gezeigt werden, wie verschiedene Filtertypen realisiert werden können.

Für jeden Filtertyp 2. Ordnung existiert ein Paar von *Filterkoeffizienten* (a_1, b_1). Diese Koeffizienten findet man tabelliert – auch für höhere Ordnungen – in allen Büchern, die sich näher mit der Filtertheorie beschäftigen.

In Tabelle 15.1 sind die Filterkoeffizienten für die gebräuchlichsten Tiefpaß-Filtertypen 2. Ordnung aufgeführt. Desweiteren enthält diese Tabelle das zu jedem Filtertyp gehörige Verhältnis $\frac{R_1}{R_2}$ und die daraus resultierende Gleichspannungsverstärkung G_0. Wie diese Werte aus den Koeffizienten hervorgehen, wird weiter unten gezeigt. Abgesehen von Tiefpässen mit kritischer Dämpfung ist die Berechnung der Filterkoeffizienten z. T. recht aufwendig, es wird daher auf weiterführende Literatur (z. B. [Vah2, Tie]) verwiesen.

Filtertyp	a_1	b_1	R_1/R_2	G_0
1. kritische Dämpfung	1,2872	0,4142	0,000	1,000
2. Bessel	1,3617	0,6180	0,268	1,268
3. Butterworth	1,4142	1,0000	0,586	1,586
4. Tschebyscheff (1 dB Welligkeit)	1,3022	1,5515	0,955	1,955

Tabelle 15.1: Koeffizienten für Tiefpässe 2. Ordnung

Worin sich die Filtertypen qualitativ unterscheiden, wird im folgenden kurz dargelegt:

- ▷ **Tiefpässe mit kritischer Dämpfung** sind besonders leicht zu realisieren (alle passiven RC-Tiefpässe besitzen diese Filtercharakteristik); die Dämpfung ist im Vergleich zu allen anderen Filtertypen am schwächsten, dafür weist die Sprungantwort kein Überschwingen auf.
- ▷ **Bessel-Tiefpässe** besitzen ein sehr gutes Rechteck-Übertragungsverhalten, das heißt, die Sprungantwort ist im Vergleich zu anderen Filtertypen *gleicher Grenzfrequenz und Ordnung* besonders scharfkantig.
- ▷ **Butterworth-Tiefpässe** besitzen Amplitudengänge mit einem besonders scharfen Knick bei der Grenzfrequenz; die Sprungantwort zeigt jedoch bereits ein deutliches Überschwingen.
- ▷ **Tschebyscheff-Tiefpässe** besitzen Amplitudengänge mit einer gewissen Welligkeit im Durchlaßbereich (angegeben in [dB]); dafür knickt der Amplitudengang bei der Grenzfrequenz extrem scharf ab, und die Dämpfung im Sperrbereich ist besonders groß.

Setzt man bei allen Filtertypen gleiche Ordnung und Grenzfrequenz voraus, nimmt die Dämpfung im Sperrbereich, aber auch das Überschwingen der Sprungantwort in der gegebenen Reihenfolge (kritische Dämpfung, Bessel, Butterworth, Tschebyscheff) zu. Wegen des Überschwingens der Sprungantwort liegt bei den drei letzten Filtertypen *überkritische Dämpfung* vor.

Wie bereits erwähnt, wird die Filtercharakteristik durch das Verhältnis $\frac{R_1}{R_2}$ bestimmt. Demnach ist ein Zusammenhang zwischen diesem Verhältnis und den Filterkoeffizienten a_1, b_1 herzustellen. Dazu führt man einen Koeffizientenvergleich zwischen Gl. (15.7) und Gl. (15.12) durch:

$$G(\omega) = \frac{1+\frac{R_1}{R_2}}{1-(\omega RC)^2 + j\omega RC\left(2-\frac{R_1}{R_2}\right)} = \frac{G_0}{1+a_1P+b_1P^2}\,, \quad P = j\frac{\omega}{\omega_g}$$

$$Gl.\,1: \quad j\omega RC\left(2-\frac{R_1}{R_2}\right) = a_1P \quad \Rightarrow \quad RC\left(2-\frac{R_1}{R_2}\right) = \frac{a_1}{\omega_g}$$

$$Gl.\,2: \qquad (j\omega RC)^2 = b_1 P^2 \quad \Rightarrow \quad (RC)^2 = \frac{b_1}{{\omega_g}^2}$$

Gl. 2 wird nach ω_g aufgelöst und in *Gl.* 1 eingesetzt:

$$\boxed{\frac{R_1}{R_2} = 2 - \frac{a_1}{\sqrt{b_1}}\,, \qquad G_0 = 1 + \frac{R_1}{R_2}} \tag{15.13}$$

Gibt man die Grenzfrequenz vor, so liefert *Gl.* 2 die Dimensionierungsvorschrift für das Produkt aus R und C.

$$\boxed{RC = \frac{\sqrt{b_1}}{2\pi f_g}} \tag{15.14}$$

Mit der Variation von $\frac{R_1}{R_2}$ wird auch die Gleichspannungsverstärkung G_0 verändert; letztere darf nicht größer als 3 werden, da die Schaltung sonst eigenständig zu schwingen beginnt.
Zum Abschluß sei noch erwähnt, daß das gesamte Übertragungsverhalten des aktiven Tiefpasses 2. Ordnung identisch ist mit dem des passiven, *entkoppelten* Tiefpasses 2. Ordnung, wenn $R_1 = 0$ gewählt wird[4]. Es liegt dann der Fall der *kritischen Dämpfung* vor.

15.3 Tiefpaß n-ter Ordnung

Grundsätzlich werden Tiefpässe höherer als 2. Ordnung durch Reihenschaltung von Tiefpässen 1. und 2. Ordnung realisiert. Um die Übertragungseigenschaften berechenbar zu halten, sollten die *Tiefpaß-Blöcke* (vorzugsweise aktiv) voneinander entkoppelt sein. Wenn Entkopplung vorliegt, können die Übertragungsfunktionen der einzelnen Tiefpaß-Blöcke einfach multipliziert werden, um die Gesamtübertragungsfunktion zu ermitteln.

[4] R_2 kann dann weggelassen werden.

Übertragungsfunktion

Die allgemeinen Übertragungsfunktionen für Tiefpaß-Filter 3. und 4. Ordnung lauten beispielsweise (bei Entkopplung):

$$\text{3. Ordnung:} \quad G(\omega) = \frac{G_0}{(1 + a_1 P + b_1 P^2)(1 + a_2 P)} \tag{15.15}$$

$$\text{4. Ordnung:} \quad G(\omega) = \frac{G_0}{(1 + a_1 P + b_1 P^2)(1 + a_2 P + b_2 P^2)} \tag{15.16}$$

Für die n-te Ordnung ist der Nenner entsprechend zu erweitern:

$$\text{n-te Ordnung:} \quad \frac{U_A}{U_E} = G(\omega) = \frac{G_0}{\prod\limits_i (1 + a_i P + b_i P^2)}, \quad P = j\frac{\omega}{\omega_g} \tag{15.17}$$

Jedes i steht für einen Tiefpaß-Block 1. *oder* 2. Ordnung. Bei ungerader Ordnung des Gesamttiefpasses ist der b-Koeffizient mit dem größten Index i immer gleich Null. Die Koeffizienten (a_i, b_i), welche den Filtertyp bestimmen, findet man tabelliert bis $i = 10$ zum Beispiel in [Tie].

Amplitudengang

Wie üblich erhält man den Amplitudengang durch die Betragsbildung von $G(\omega)$ *oder* indem man die Amplitudengänge der einzelnen (entkoppelten!) Tiefpaß-Blöcke multipliziert.

Phasengang

Wenn die Tiefpaß-Blöcke voneinander entkoppelt sind, können die Phasenverschiebungen der einzelnen Blöcke einfach addiert werden.

$$\phi(\omega) = \sum_i \phi_i(\omega) \tag{15.18}$$

Grenzfrequenz

Sie ergibt sich aus $|G(\omega_g)| = |G(\omega = 0)|/\sqrt{2}$. In der Regel ist es jedoch günstiger, die Grenzfrequenz vorzugeben und die Dimensionierung der Widerstände und Kondensatoren durch Koeffizientenvergleich zwischen allgemeiner und konkreter Übertragungsfunktion zu ermitteln, wie es in Kapitel 15.2 für den aktiven Tiefpaß 2. Ordnung geschehen ist.

Sprungantwort
In der allgemeinen Übertragungsfunktion wird $j\omega$ durch s ersetzt:

$$G(s) = \frac{G_0}{\prod\limits_i \left(1 + a_i \frac{s}{\omega_g} + b_i \frac{s^2}{{\omega_g}^2}\right)}$$

Die Laplace-transformierte Ausgangsspannung lautet:

$$U_A(s) = U_E(s) \cdot G(s) = |U_E| \; G_0 \; \frac{1}{s \cdot \prod\limits_i \left(1 + a_i \frac{s}{\omega_g} + b_i \frac{s^2}{{\omega_g}^2}\right)}$$

Es wird also folgende Korrespondenz benötigt:

$$\frac{1}{s \cdot \prod\limits_i \left(1 + a_i \frac{s}{\omega_g} + b_i \frac{s^2}{{\omega_g}^2}\right)} \quad \bullet\!\!-\!\!\!-\!\!\!-\!\!\circ \quad f(t)$$

Die rücktransformierte Zeitfunktion $f(t)$ wird für $n > 2$ in algebraischer Schreibweise sehr umfangreich. Eine praktikable Lösungsmöglichkeit besteht in der Verwendung von Computerprogrammen, die inverse Laplace-Transformationen durchführen können, wobei direkt konkrete Werte für die Filterkoeffizienten und die Grenzfrequenz eingesetzt werden sollten.

15.3.1 Tiefpässe mit kritischer Dämpfung

In Kapitel 9.3 ist beschrieben worden, wie das Übertragungsverhalten einer Reihenschaltung von *n entkoppelten* RC-Tiefpässen berechnet wird. Die dort aufgeführten Gleichungen für Übertragungsfunktion, Amplitudengang, Phasengang, Grenzfrequenz und Pulsantwort können unverändert übernommen werden. Da die hier betrachteten Tiefpässe *aktiv* entkoppelt sein sollen, kann für ω_0 jeweils $\frac{1}{RC}$ eingesetzt werden.

Für $n = 3$ soll gezeigt werden, wie der entsprechende aktive Tiefpaß mit kritischer Dämpfung realisiert werden kann:

Version a)

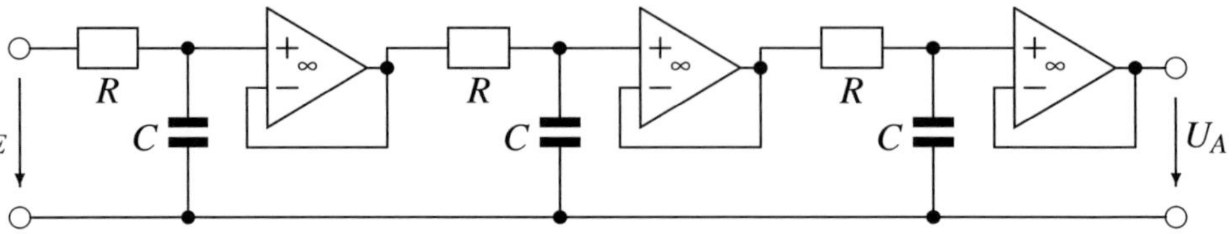

Version b)

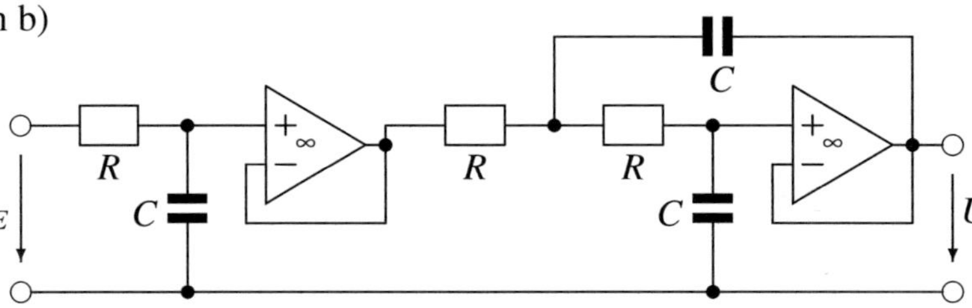

Abbildung 15.3: Tiefpaß 3. Ordnung mit kritischer Dämpfung

Beide Schaltungen sind bezüglich des Übertragungsverhaltens völlig identisch. Version b) ist jedoch vorzuziehen, da sie bei gleicher Ausgangsimpedanz nur zwei OPV-Impedanzwandler benötigt. Durch passive Entkopplung (siehe Kapitel 9.2) könnte auch noch der linke OPV in Version b) eingespart werden.

Für hohe Frequenzen ($\omega \gg \omega_g$) beträgt die Dämpfung -60 dB/Dekade und die Phasenverschiebung -270°.

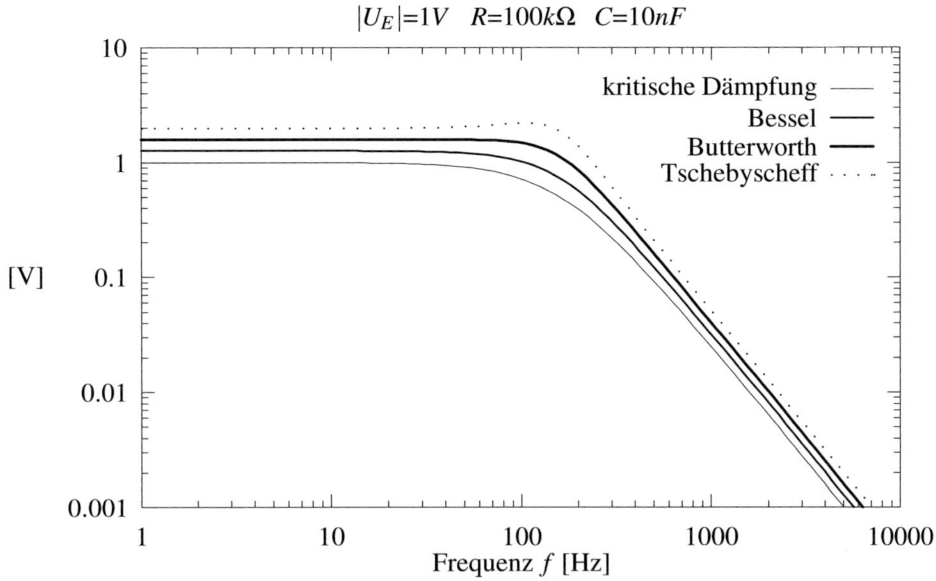

Abbildung 15.4: Aktiver Tiefpaß 2. Ordnung (Amplitudengang)

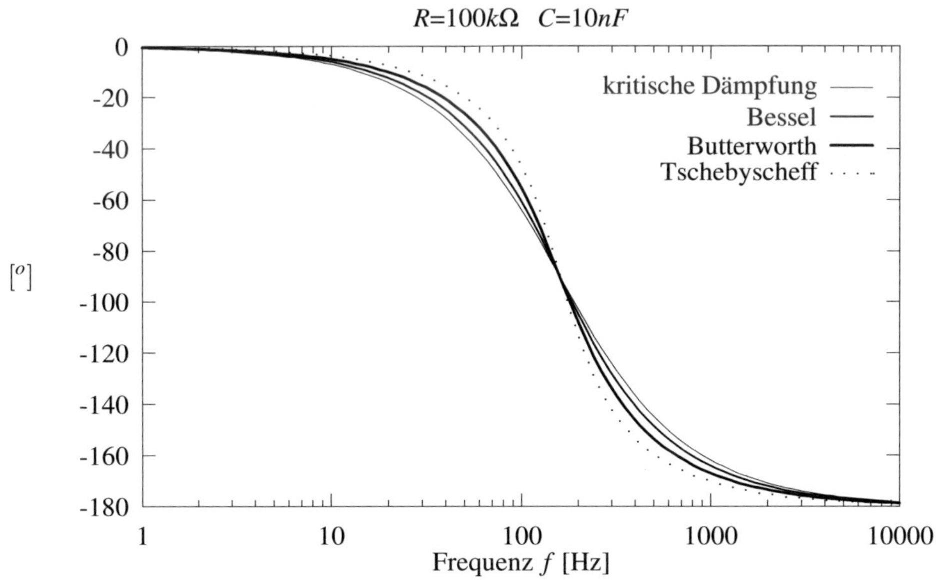

Abbildung 15.5: Aktiver Tiefpaß 2. Ordnung (Phasengang)

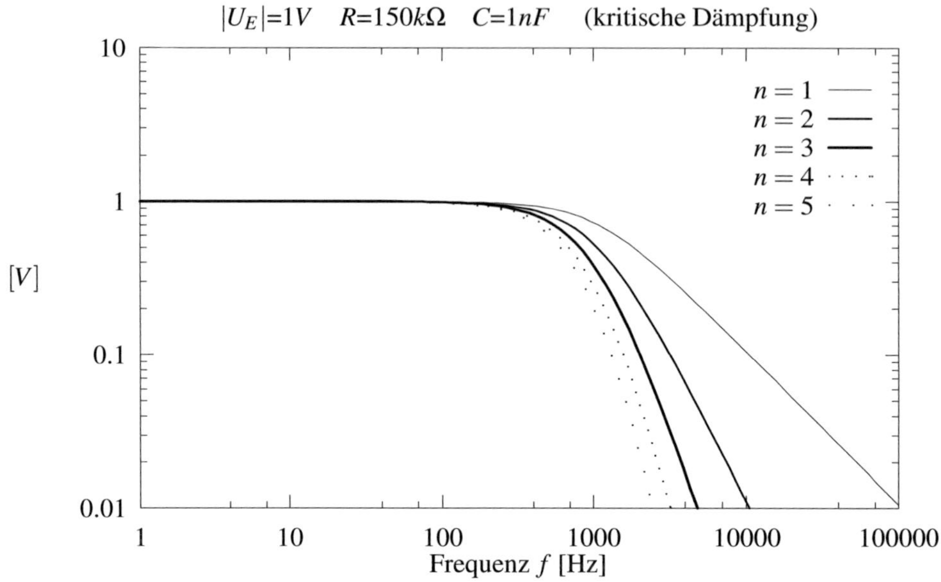

Abbildung 15.6: Tiefpaß n-ter Ordnung (Amplitudengang)

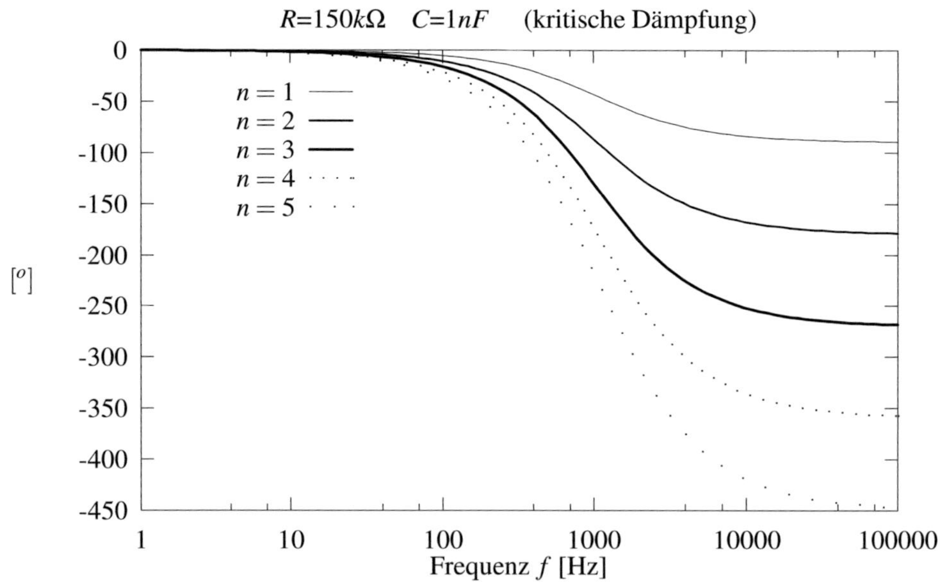

Abbildung 15.7: Tiefpaß n-ter Ordnung (Phasengang)

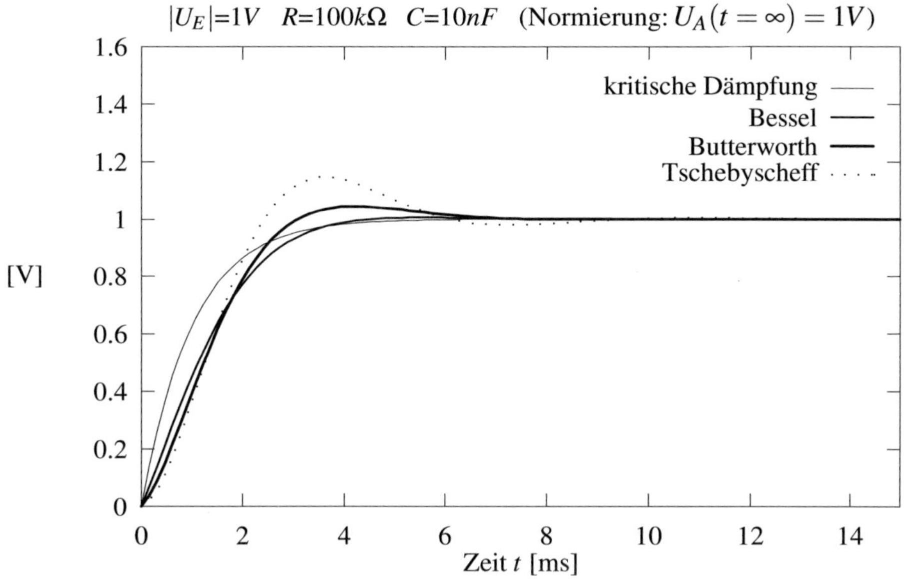

Abbildung 15.8: Aktiver Tiefpaß 2. Ordnung (Sprungantwort)

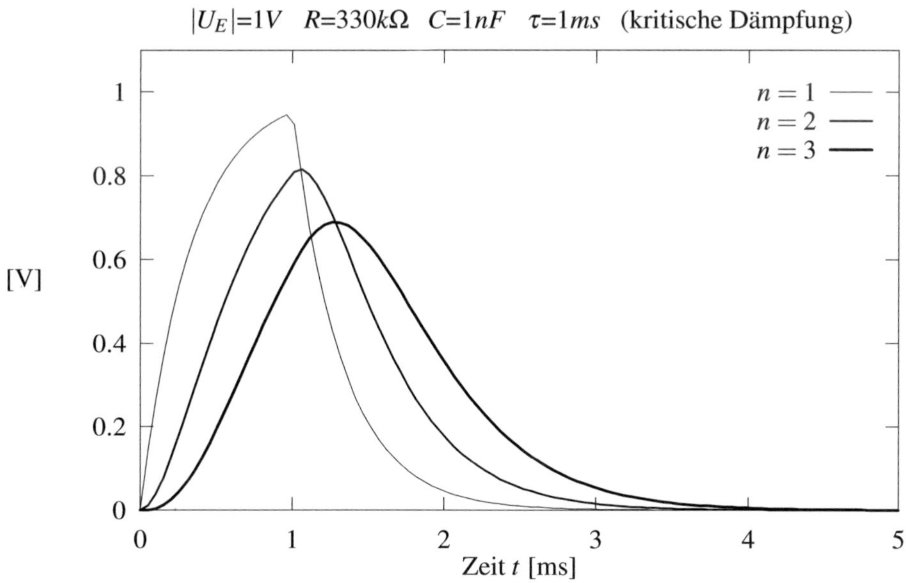

Abbildung 15.9: Tiefpaß n-ter Ordnung (Pulsantwort)

16 Aktive Hochpässe

Die einleitenden Bemerkungen zu den aktiven Tiefpässen in Kapitel 15 gelten auch für aktive Hochpässe. Allerdings gibt es einen gravierenden Unterschied hinsichtlich des OPV-Einflusses auf das Übertragungsverhalten. Der Frequenzgang des OPVs führt bei aktiven Tiefpässen allenfalls zur Erhöhung der ohnehin beabsichtigten Dämpfung hoher Frequenzen. Bei aktiven Hochpässen wirkt der OPV jedoch der eigentlichen Funktion – nämlich gerade die hohen Frequenzen ungedämpft durchzulassen – entgegen, wodurch real ein Bandpaß-Verhalten entsteht. Um diesen Einfluß gering zu halten, sollte die Verstärkung möglichst klein sein und die Hochpaß-Grenzfrequenz deutlich unterhalb der OPV-Transitfrequenz liegen.
Wegen des erhöhten Rechenaufwands wird der Einfluß des OPVs hier nur beim Hochpaß 1. Ordnung rechnerisch berücksichtigt.

16.1 Hochpaß 1. Ordnung

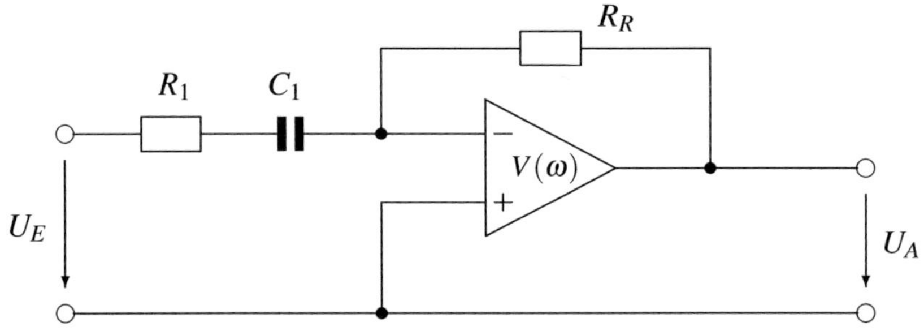

Abbildung 16.1: Aktiver Hochpaß 1. Ordnung

Anhand dieser Schaltung soll gezeigt werden, daß es in bestimmten Fällen sinnvoll ist, das Übertragungsverhalten des realen OPVs bei der Schaltungsanalyse zu berücksichtigen. Die Berechnungen werden dadurch etwas aufwendiger, können aber in jedem Stadium vereinfacht werden, indem man ideale OPV-Kenngrößen einsetzt ($V_0, \omega_T = \infty$). Es wird sich herausstellen, daß *aktive* Hochpässe tatsächlich ein Bandpaß-Verhalten besitzen.

Übertragungsfunktion

Hier kann man wieder von der allgemeinen Übertragungsfunktion der invertierenden Grundschaltung ausgehen:

$$G(\omega) = -\frac{V(\omega)}{1+\frac{Z_1}{Z_R}(1+V(\omega))}, \qquad V(\omega) = \frac{\omega_T}{j\omega}$$

Da die endliche Gleichspannungsverstärkung V_0 den Frequenzgang des OPVs nur bei sehr kleinen Frequenzen (etwa $0\ldots100\,Hz$) beeinflußt (und dann auch nur, wenn die Gegenkopplung sehr schwach ist), kann hier ohne weiteres die vereinfachte Übertragungsfunktion des OPVs $V(\omega) = \frac{\omega_T}{j\omega}$ verwendet werden. Mit $Z_1 = R_1 + X_C$ und $Z_R = R_R$ folgt:

$$G(\omega) = -\frac{1}{\frac{j\omega}{\omega_T}\left(1+\frac{R_1+X_{C_1}}{R_R}\left(1+\frac{\omega_T}{j\omega}\right)\right)}$$

Nach einigen Umformungen und dem Einsetzen von $X_{C_1} = \frac{1}{j\omega C_1}$ lautet die Übertragungsfunktion:

$$\frac{U_A}{U_E} = G(\omega) = -\frac{j\omega\frac{R_R}{R_1}}{\frac{1}{R_1C_1}-\frac{\omega^2}{\omega_T}\left(1+\frac{R_R}{R_1}\right)+j\omega\left(1+\frac{1}{\omega_T R_1 C_1}\right)} \qquad (16.1)$$

Bei Annahme eines idealen OPVs vereinfacht sich $G(\omega)$ zu:

$$\omega_T \to \infty: \qquad G(\omega) = -\frac{R_R}{R_1}\cdot\frac{j\omega R_1C_1}{1+j\omega R_1C_1}$$

Amplitudengang

Gemäß Gl. (6.5) wird der Betrag von $G(\omega)$ gebildet:

$$\frac{|U_A|}{|U_E|} = |G(\omega)| = \frac{\omega\frac{R_R}{R_1}}{\sqrt{\left(\frac{1}{R_1C_1}-\frac{\omega^2}{\omega_T}\left(1+\frac{R_R}{R_1}\right)\right)^2+\omega^2\left(1+\frac{1}{\omega_T R_1C_1}\right)^2}} \qquad (16.2)$$

Grenzfrequenz
Die *Hochpaß*-Grenzfrequenz wird unter der Annahme $\omega_T \rightarrow \infty$ berechnet:

$$\frac{|G(\omega_g)|}{|G(\omega \gg \omega_g)|} = \frac{1}{\sqrt{2}} \quad \Rightarrow \quad \frac{{\omega_g}^2}{\frac{1}{R_1C_1} + {\omega_g}^2} = \frac{1}{2}$$

$$\Rightarrow \quad 2{\omega_g}^2 = \frac{1}{(R_1C_1)^2} + {\omega_g}^2 \quad \Rightarrow \quad \boxed{f_g = \frac{\omega_g}{2\pi} = \frac{1}{2\pi R_1 C_1}} \tag{16.3}$$

Phasengang
Nach Erweiterung mit dem komplex konjugierten Nenner kann die Übertragungsfunktion leicht in Real- und Imaginärteil zerlegt und dadurch der Phasengang berechnet werden.

$$\boxed{\phi(\omega) = -\frac{180^o}{\pi} \cdot arctan\left(\frac{\frac{\omega^2}{\omega_T}\left(1 + \frac{R_R}{R_1}\right) - \frac{1}{R_1C_1}}{\omega\left(1 + \frac{1}{\omega_T R_1 C_1}\right)}\right) + 180^o} \tag{16.4}$$

Pulsantwort
Wenn die Pulslänge τ deutlich größer als der Kehrwert von ω_T ist und der Verstärkungsfaktor in der Größenordnung 1 liegt, ist der Einfluß des OPV-Frequenzgangs vernachlässigbar. Es kann dann die Pulsantwort des passiven Tiefpasses 1. Ordnung unter Hinzufügung des Faktors $-\frac{R_R}{R_1}$ übernommen werden.

$$\boxed{U_A(t) = -|U_E|\,\frac{R_R}{R_1}\,\left[e^{-\omega_g} - \sigma(t-\tau)\cdot e^{-\omega_g(t-\tau)}\right]} \tag{16.5}$$

Mit steigender Verstärkung werden die Spitzen der Pulsantwort in zunehmendem Maße abgerundet, denn schnelle Spannungsänderungen (Spannungsspitzen) beinhalten hohe Frequenzen, die durch den OPV gedämpft werden.

Wenn man die Abbildung 16.4 betrachtet, erkennt man bei sehr hohen Frequenzen das Tiefpaß-Verhalten 1. Ordnung. Je größer der Verstärkungsfaktor $\frac{R_R}{R_1}$ ist, desto geringer ist die Frequenz, bei der sich der OPV-Frequenzgang bemerkbar macht. Unter Annahme eines idealen OPVs ($\omega_T \to \infty$) geht das Übertragungsverhalten des aktiven Hochpasses 1. Ordnung über in das des passiven Hochpasses 1. Ordnung (von dem Faktor $-\frac{R_R}{R_1}$ abgesehen).

16.2 Hochpaß 2. Ordnung

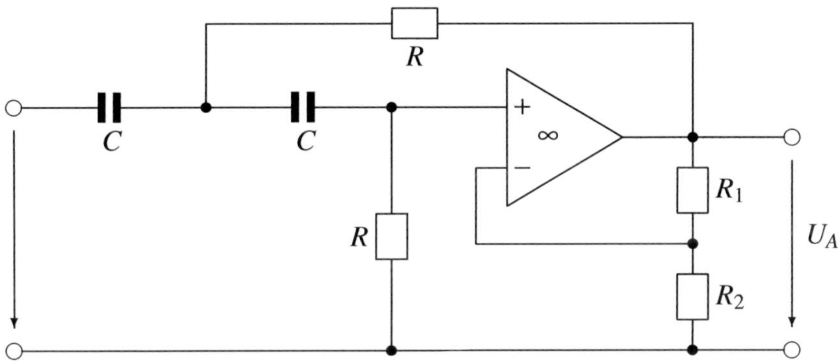

Abbildung 16.2: Aktiver Hochpaß 2. Ordnung

Diesen Hochpaß erhält man durch Vertauschen von R und C beim aktiven Tiefpaß 2. Ordnung (siehe Kapitel 15.2).
Um das Übertragungsverhalten leicht ermitteln zu können und die Gleichungen übersichtlich zu halten, wird der OPV als ideal angenommen ($V(\omega) = \infty$). Da die Verstärkung $G(\omega \gg \omega_g)$ des Hochpasses kleiner als 3 sein muß (andernfalls schwingt die Schaltung), stimmt das berechnete Übertragungsverhalten mit dem realen bis annähernd zur Transitfrequenz des OPVs überein. Oberhalb der Transitfrequenz stellt sich in jedem Fall ein Tiefpaß-Verhalten ein, das hier rechnerisch *nicht* berücksichtigt wird. (Anmerkung: Beim aktiven Hochpaß 1. Ordnung haben wir das Tiefpaß-Verhalten des OPVs berücksichtigt, mußten dadurch aber deutlich mehr Rechenaufwand in Kauf nehmen.)

Übertragungsfunktion
Durch Vertrauschen von R und X_C in Gl. (15.6) nutzt man die Berechnungen in Kapitel 15.2 aus und erhält direkt die gesuchte Hochpaß-Übertragungsfunktion.

$$\frac{R_2}{R_1+R_2}\left(1+\frac{X_C{}^2}{R^2}+\frac{X_C}{R}\left(2-\frac{R_1}{R_2}\right)\right)U_A=U_E$$

Mit $X_C=\frac{1}{j\omega C}$ folgt daraus:

$$\frac{U_A}{U_E}=G(\omega)=\frac{1+\frac{R_1}{R_2}}{1-\frac{1}{(\omega RC)^2}-j\frac{1}{\omega RC}\left(2-\frac{R_1}{R_2}\right)} \tag{16.6}$$

Amplitudengang
Gemäß Gl. (6.5) ergibt sich der Betrag von $G(\omega)$ zu:

$$\frac{|U_A|}{|U_E|}=|G(\omega)|=\frac{1+\frac{R_1}{R_2}}{\sqrt{\left(1-\frac{1}{(\omega RC)^2}\right)^2+\left(\frac{1}{\omega RC}\left(2-\frac{R_1}{R_2}\right)\right)^2}} \tag{16.7}$$

Phasengang
Der komplex konjugierte Nenner von $G(\omega)$ liefert Real- und Imaginärteil für die Berechnung des Phasengangs.

$$\phi(\omega)=\frac{180^o}{\pi}\cdot arctan\left(\frac{\omega RC\left(2-\frac{R_1}{R_2}\right)}{(\omega RC)^2-1}\right)+180^o-180^o\cdot\sigma\left(\omega-\frac{1}{RC}\right) \tag{16.8}$$

Die ungerade Polstelle im Argument der *arctan*-Funktion ist durch einen Phasensprung um -180° bei $\omega=\frac{1}{RC}$ kompensiert worden. Bei $\omega=0$ beträgt die Phasenverschiebung eines nicht-invertierenden Hochpasses $+180^o$, daher muß dieser Wert für den kompletten Frequenzgang hinzuaddiert werden.

Grenzfrequenz

$$\frac{|G(\omega_g)|}{|G(\omega \gg \omega_g)|} = \frac{1}{\sqrt{2}} \quad \Rightarrow \quad \left(1 - \frac{1}{(\omega_g RC)^2}\right)^2 + \left(\frac{1}{\omega_g RC}\left(2 - \frac{R_1}{R_2}\right)\right)^2 = 2$$

Mit der Substitution $1/(\omega RC)^2 = x$ ergibt sich eine quadratische Gleichung, deren positive, reelle Lösung die Grenzfrequenz liefert.

$$\boxed{f_g = \frac{1}{2\pi RC}\left(\frac{R_1}{2R_2} + \sqrt{\left(\frac{R_1}{2R_2}\right)^2 + 1}\right)^{-\frac{1}{2}} \approx \frac{1}{2\pi RC}\left(1 + \frac{5}{16}\frac{R_1}{R_2}\right)^{-1}} \tag{16.9}$$

Die rechts stehende Näherung erhält man durch zweimalige Anwendung folgender Reihenentwicklung: $\sqrt{1+x} = 1 + \frac{1}{2}x - \cdots$ für: $|x| \leq 1$

Sprungantwort

Mit $G_\infty = 1 + \frac{R_1}{R_2}$ und $s = j\omega$ lautet die Übertragungsfunktion:

$$G(s) = \frac{G_\infty}{\frac{1}{(RC)^2 s^2} + \frac{1}{RCs}(3 - G_\infty) + 1} = G_\infty \frac{s^2}{s^2 + \frac{3-G_\infty}{RC}s + \frac{1}{(RC)^2}}$$

Die Laplace-transformierte Ausgangsspannung lautet:

$$U_A(s) = U_E(s) \cdot G(s) = |U_E|\, G_\infty \frac{s}{s^2 + \frac{3-G_\infty}{RC}s + \frac{1}{(RC)^2}}$$

Folgende Korrespondenz wird benötigt:

$$\frac{s}{s^2 + 2k_1 s + {k_2}^2} \quad \bullet\!\!-\!\!\!-\!\!\!-\!\!\circ \quad e^{-k_1 t}\left\{cos(k_3 t) - \frac{k_1}{k_3} sin(k_3 t)\right\}$$

$$\text{für:} \quad {k_2}^2 - {k_1}^2 = {k_3}^2 > 0$$

Durch Rücktransformation von $U_A(s)$ ergibt sich die Sprungantwort:

$$U_E(t) = |U_E|\, G_\infty\, e^{-k_1 t} \left\{ cos(k_3 t) - \frac{k_1}{k_3} sin(k_3 t) \right\} \tag{16.10}$$

$$\text{mit:} \quad k_1 = \frac{3 - G_\infty}{2RC}\,, \quad k_2 = \frac{1}{RC}\,, \quad k_3 = \frac{1}{RC}\sqrt{1 - \left(\frac{3 - G_\infty}{2}\right)^2}$$

16.2.1 Einstellen einer Filtercharakteristik

Die allgemeine Übertragungsfunktion eines Hochpasses 2. Ordnung hat folgende Form:

$$G(\omega) = \frac{G_\infty}{1 + \frac{a_1}{P} + \frac{b_1}{P^2}} \qquad \text{mit:} \quad P = j\frac{\omega}{\omega_g} \tag{16.11}$$

Die Faktoren a_1 und b_1 legen die Filtercharakteristik fest. Es sind dieselben wie beim aktiven Tiefpaß 2. Ordnung (siehe Tabelle 15.1).
Durch den Vergleich der allgemeinen mit der speziellen Übertragungsfunktion gemäß Gl. (16.6) erhält man dieselben Dimensionierungsvorschriften wie beim aktiven Tiefpaß 2. Ordnung.

$$\frac{R_1}{R_2} = 2 - \frac{a_1}{\sqrt{b_1}}\,, \qquad G_\infty = 1 + \frac{R_1}{R_2}\,, \qquad RC = \frac{\sqrt{b_1}}{2\pi f_g} \tag{16.12}$$

Auch hier sei erwähnt, daß das gesamte Übertragungsverhalten des aktiven Hochpasses 2. Ordnung identisch ist mit dem des passiven, entkoppelten Hochpasses 2. Ordnung, wenn $R_1 = 0$ gewählt wird[5]. Es liegt dann der Fall der *kritischen Dämpfung* vor.

[5] R_2 kann dann weggelassen werden.

16.3 Hochpaß n-ter Ordnung

Hochpässe höherer als 2. Ordnung werden durch Reihenschaltung von Hochpässen 1. und 2. Ordnung realisiert. Um die Übertragungseigenschaften berechenbar zu halten, sollten die *Hochpaß-Blöcke* (vorzugsweise aktiv) voneinander entkoppelt sein. Wenn Entkopplung vorliegt, können die Übertragungsfunktionen der einzelnen Hochpaß-Blöcke einfach multipliziert werden, um die Gesamtübertragungsfunktion zu ermitteln.

Übertragungsfunktion
Die allgemeinen Übertragungsfunktionen für Hochpaß-Filter 3. und 4. Ordnung lauten beispielsweise (bei Entkopplung):

$$\text{3. Ordnung:} \qquad G(\omega) = \frac{G_\infty}{(1+\frac{a_1}{P}+\frac{b_1}{P^2})(1+\frac{a_2}{P})} \tag{16.13}$$

$$\text{4. Ordnung:} \qquad G(\omega) = \frac{G_\infty}{(1+\frac{a_1}{P}+\frac{b_1}{P^2})(1+\frac{a_2}{P}+\frac{b_2}{P^2})} \tag{16.14}$$

Für die n-te Ordnung ist der Nenner entsprechend zu erweitern:

$$\boxed{\text{n-te Ordnung:} \qquad \frac{U_A}{U_E} = G(\omega) = \frac{G_\infty}{\prod\limits_i (1+\frac{a_i}{P}+\frac{b_i}{P^2})}, \qquad P = j\frac{\omega}{\omega_g}} \tag{16.15}$$

Jedes i steht für einen Hochpaß-Block 1. *oder* 2. Ordnung. Bei ungerader Ordnung des Gesamthochpasses ist der b-Koeffizient mit dem größten Index i immer gleich Null. Die Koeffizienten (a_i, b_i), welche den Filtertyp bestimmen, findet man tabelliert bis $i = 10$ zum Beispiel in [Tie]. Es sind dieselben Koeffizienten, die auch für die Dimensionierung von Tiefpässen benötigt werden.

Amplitudengang
Man erhält ihn durch Betragsbildung von $G(\omega)$ nach der üblichen Vorgehensweise (Kapitel 6) *oder* indem man die Amplitudengänge der einzelnen *entkoppelten* Hochpaß-Blöcke multipliziert.

Phasengang
Wenn die Hochpaß-Blöcke voneinander entkoppelt sind, können die Phasenverschiebungen der einzelnen Blöcke addiert werden:

$$\boxed{\phi(\omega) = \sum_i \phi_i(\omega)} \tag{16.16}$$

Grenzfrequenz
Sie ergibt sich aus $|G(\omega_g)| = |G(\omega \gg \omega_g)|/\sqrt{2}$. In der Regel ist es jedoch günstiger, die Grenzfrequenz vorzugeben und die Dimensionierung der Widerstände und Kondensatoren durch Koeffizientenvergleich zwischen allgemeiner und konkreter Übertragungsfunktion zu ermitteln, wie es z. B. in Kapitel 15.2 für den aktiven Tiefpaß 2. Ordnung geschehen ist.

Sprungantwort
In der allgemeinen Übertragungsfunktion wird $j\omega$ durch s ersetzt:

$$G(s) = \frac{G_\infty}{\prod\limits_i \left(1 + a_i \frac{\omega_g}{s} + b_i \frac{\omega_g{}^2}{s^2}\right)}$$

Die Laplace-transformierte Ausgangsspannung lautet:

$$U_A(s) = U_E(s) \cdot G(s) = |U_E| \, \frac{G_\infty}{s \cdot \prod\limits_i \left(1 + a_i \frac{\omega_g}{s} + b_i \frac{\omega_g{}^2}{s^2}\right)}$$

Es wird also folgende Korrespondenz benötigt:

$$\frac{1}{s \cdot \prod\limits_i \left(1 + a_i \frac{\omega_g}{s} + b_i \frac{\omega_g{}^2}{s^2}\right)} \quad \bullet\!\!-\!\!\!-\!\!\!-\!\!\circ \quad f(t)$$

Die rücktransformierte Zeitfunktion $f(t)$ wird für $n > 2$ in algebraischer Schreibweise sehr umfangreich. Eine praktikable Lösungsmöglichkeit besteht in der Verwendung von Computerprogrammen, die inverse Laplace-Transformationen durchführen können, wobei direkt konkrete Werte für die Filterkoeffizienten und die Grenzfrequenz eingesetzt werden sollten.

16.3.1 Hochpässe mit kritischer Dämpfung

In Kapitel 10.3 ist beschrieben worden, wie das Übertragungsverhalten einer Reihenschaltung von *n entkoppelten* RC-Hochpässen berechnet wird. Die dort aufgeführten Gleichungen für Übertragungsfunktion, Amplitudengang, Phasengang, Grenzfrequenz und Pulsantwort können unverändert übernommen werden. Da die hier betrachteten Hochpässe *aktiv* entkoppelt sein sollen, kann für ω_0 jeweils $\frac{1}{RC}$ eingesetzt werden.

Für $n = 3$ soll gezeigt werden, wie der entsprechende aktive Hochpaß mit kritischer Dämpfung realisiert werden kann:

Version a)

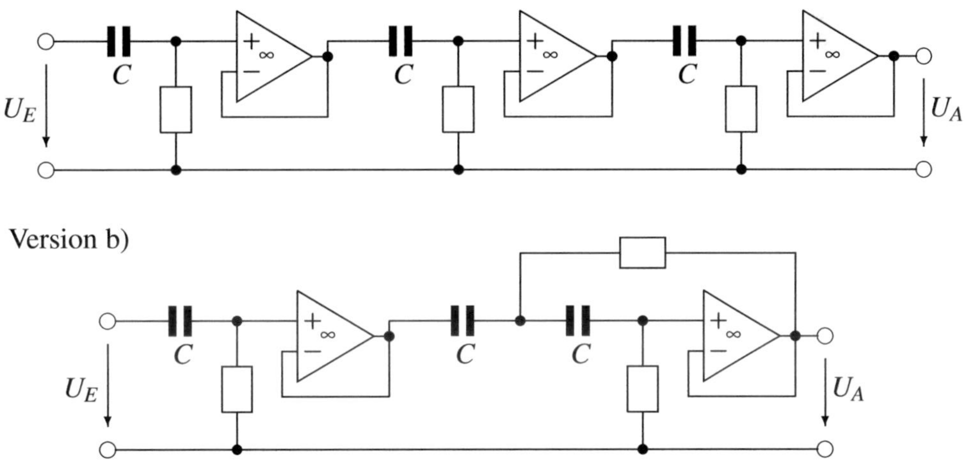

Abbildung 16.3: Hochpaß 3. Ordnung mit kritischer Dämpfung

Beide Schaltungen sind bezüglich des Übertragungsverhaltens völlig identisch. Version b) ist jedoch vorzuziehen, da sie bei gleicher Ausgangsimpedanz nur zwei OPV-Impedanzwandler benötigt. Durch passive Entkopplung (siehe Kapitel 10.2) könnte auch noch der linke OPV in Version b) eingespart werden.
Für tiefe Frequenzen ($\omega \ll \omega_g$) beträgt die Dämpfung -60 dB/Dekade und die Phasenverschiebung $+270^o$.

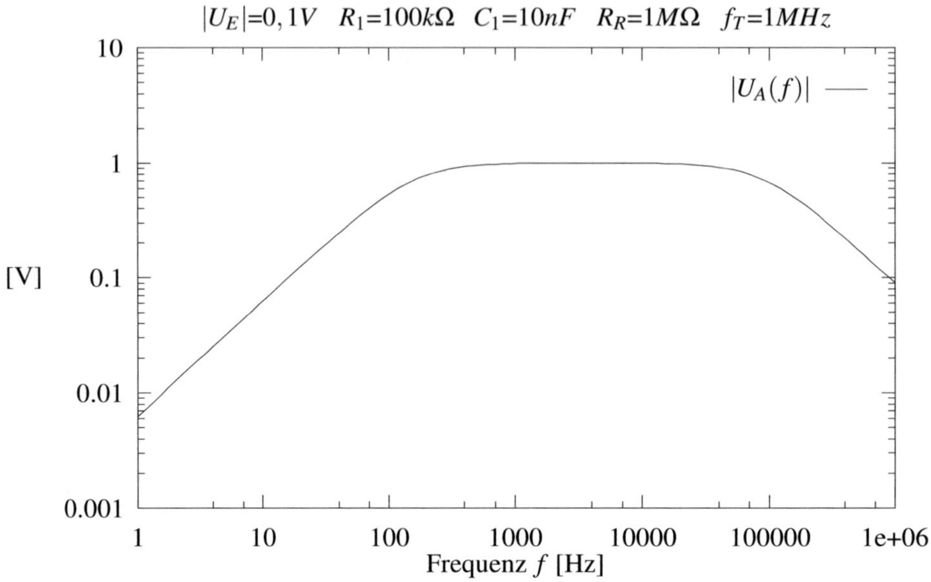

Abbildung 16.4: Aktiver Hochpaß 1. Ordnung (Amplitudengang)

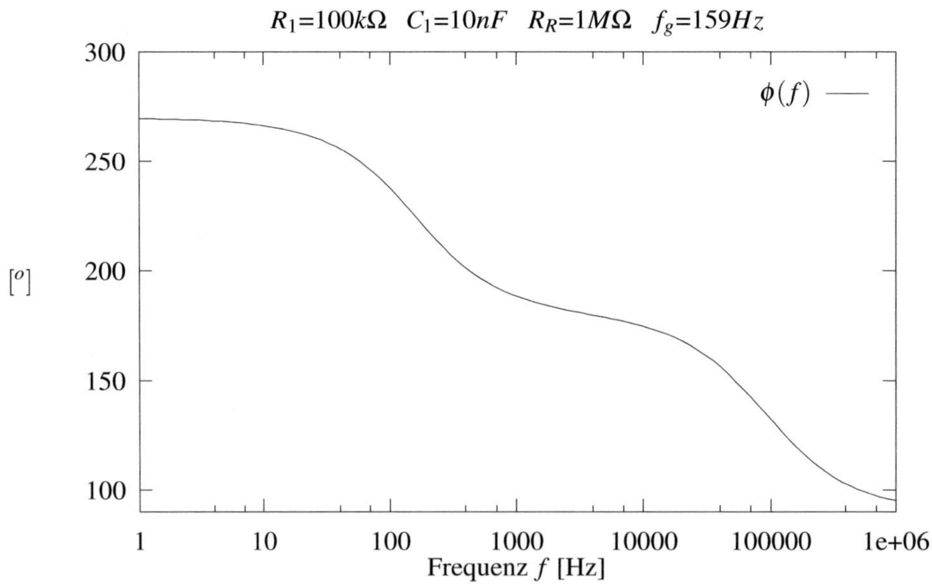

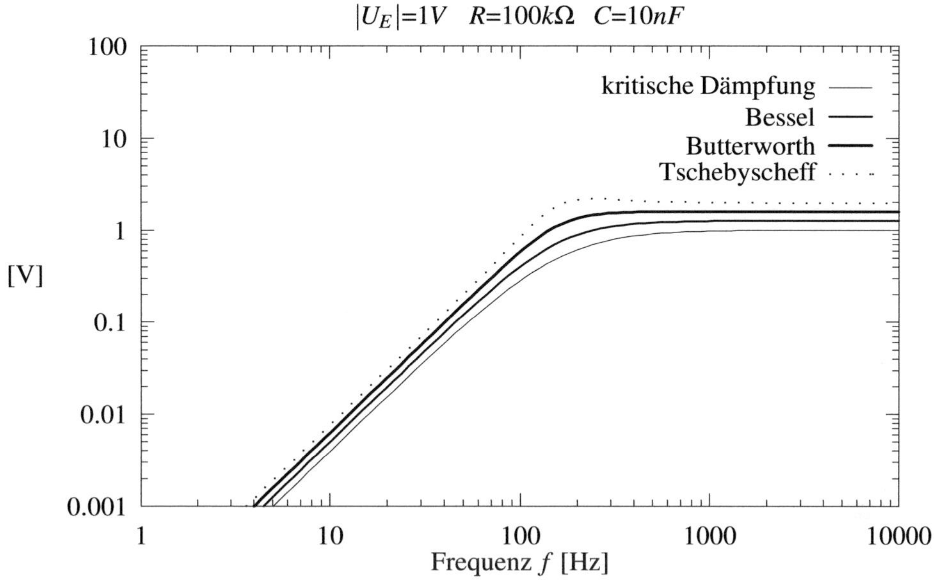

Abbildung 16.6: Aktiver Hochpaß 2. Ordnung (Amplitudengang)

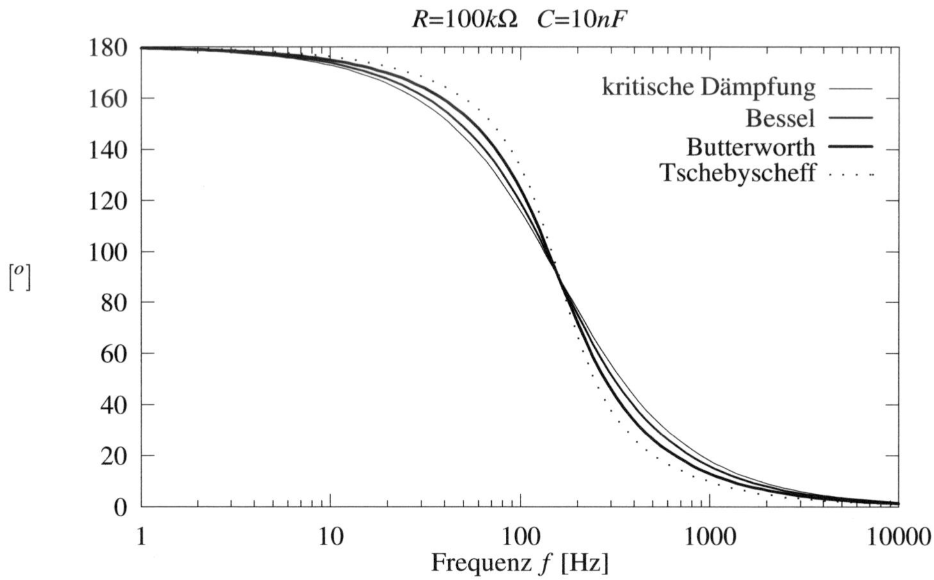

Abbildung 16.7: Aktiver Hochpaß 2. Ordnung (Phasengang)

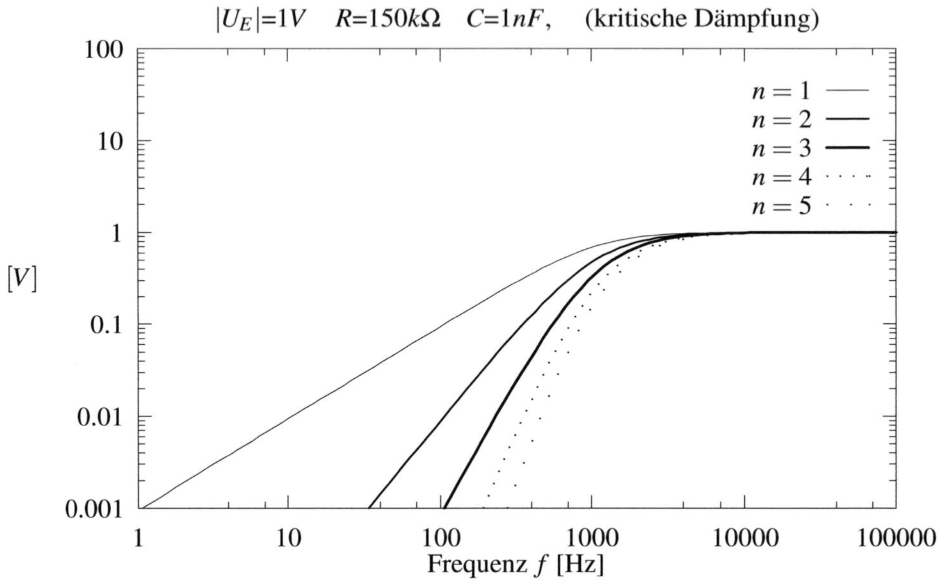

Abbildung 16.8: Hochpaß n-ter Ordnung (Amplitudengang)

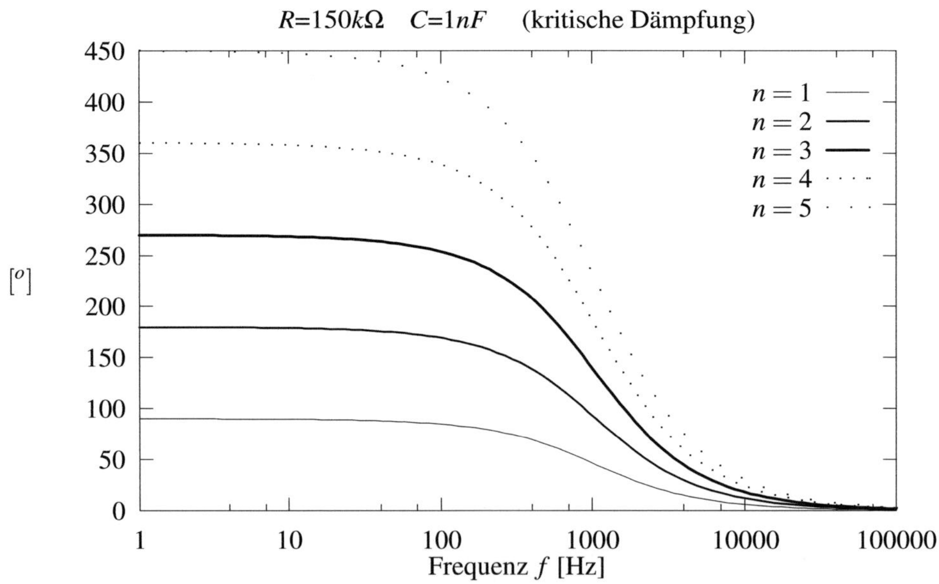

Abbildung 16.9: Hochpaß n-ter Ordnung (Phasengang)

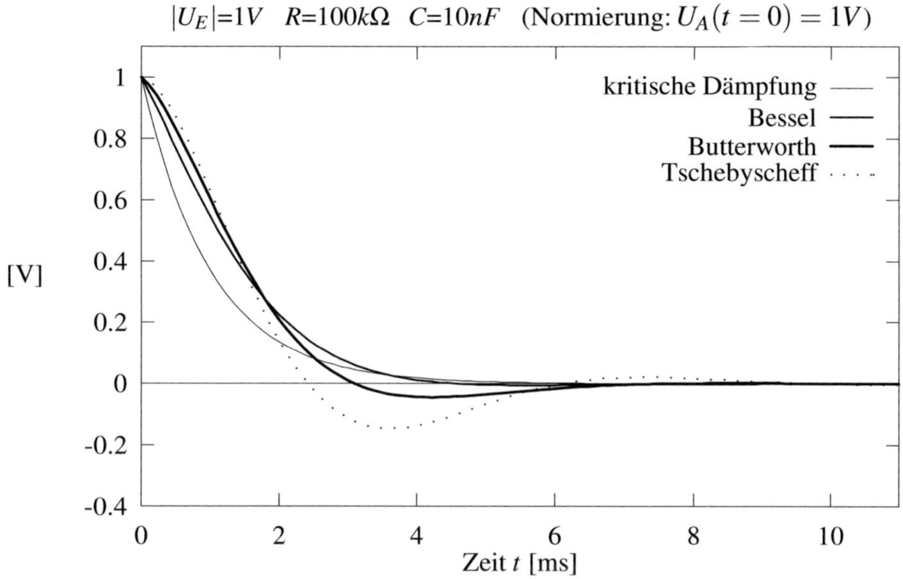

Abbildung 16.10: Hochpaß 2. Ordnung (Sprungantwort)

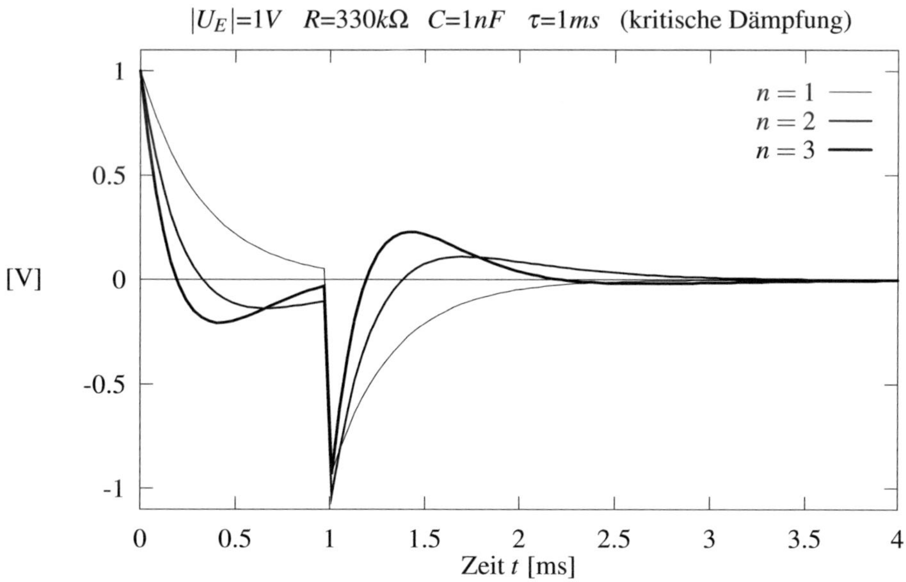

Abbildung 16.11: Hochpaß n-ter Ordnung (Pulsantwort)

17 Aktive Bandfilter

17.1 Bandpaß 2. Ordnung

Grundsätzlich lassen sich Bandpässe beliebiger Ordnung aus einer Reihenschaltung von Hoch- und Tiefpässen herstellen. Sind die Einzelfilter (aktiv) voneinander entkoppelt, so können deren Übertragungsfunktionen einfach multipliziert werden. Folglich können auch die Amplitudengänge multipliziert und die Phasengänge addiert werden.
Durch geeignete RC-Beschaltung *eines* OPVs läßt sich jedoch ebenfalls ein Bandpaß herstellen. Der wesentliche Vorteil aktiver Bandpässe gegenüber passiven besteht darin, die *Güte* (Schmalbandigkeit) einstellen zu können. Eine derartige Schaltung wird im folgenden vorgestellt.

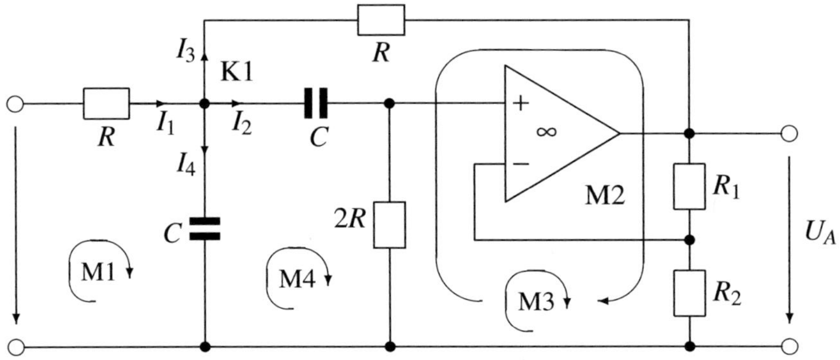

Abbildung 17.1: Aktiver Bandpaß 2. Ordnung

Da Bandpässe 1. Ordnung nicht existieren (wie man sich anhand der benötigten ω-Potenzen leicht überlegen kann), wenden wir uns dem Bandpaß 2. Ordnung (mit Einfachmitkopplung) zu. Die *allgemeine* Übertragungsfunktion eines Bandpasses 2. Ordnung lautet:

$$G(\omega) = \frac{G(\omega_r)\,\frac{1}{Q}P}{1+\frac{1}{Q}P+P^2}\,, \qquad P = j\frac{\omega}{\omega_r} \tag{17.1}$$

Dabei ist Q die Güte und ω_r die Resonanzfrequenz. Für $P \sim \omega \to 0$ ist P^2 zu vernachlässigen, und es ergibt sich ein Hochpaß-Verhalten 1. Ordnung. Für $P \sim \omega \to \infty$ ist hingegen $\frac{1}{Q}P$ zu vernachlässigen, und es ergibt sich ein Tiefpaß-Verhalten 1. Ordnung. Daraus folgt, daß die Dämpfung für hohe und tiefe Frequenzen $-20\,\text{dB/Dekade}$ beträgt.

Übertragungsfunktion

Die Schaltung aus Abb. 17.1 weist fünf unbekannte Größen auf $(I_1, I_2, I_3, I_4, U_A)$, sie läßt sich daher mit fünf linearen Gleichungen vollständig beschreiben. Der OPV wird wieder als ideal angenommen.

$$\begin{array}{llcl}
\text{M1} \to Gl.\,I: & -U_E + I_1R + I_4X_C & = & 0 \\
\text{M2} \to Gl.\,II: & -I_2(2R+X_C) + I_3R + U_A & = & 0 \\
\text{M3} \to Gl.\,III: & -I_2\,2R + \frac{R_2}{R_1+R_2}U_A & = & 0 \\
\text{M4} \to Gl.\,IV: & I_2(2R+X_C) - I_4X_C & = & 0 \\
\text{K1} \to Gl.\,V: & I_1 - I_2 - I_3 - I_4 & = & 0
\end{array}$$

Ähnlich wie beim aktiven Tiefpaß 2. Ordnung (Kapitel 15.2) erhält man daraus eine Koeffizientenmatrix, die mit Hilfe des Gauß-Algorithmus (Kapitel 2) in die Dreiecksgestalt zu überführen ist. Die unterste Gleichung in der Dreiecksmatrix liefert dann die Übertragungsfunktion. Aus Platzgründen wird diese etwas umfangreichere Rechnung hier nicht vorgeführt, sondern das Ergebnis direkt angegeben:

$$\boxed{\frac{U_A}{U_E} = G(\omega) = \frac{j\omega RC\left(1+\frac{R_1}{R_2}\right)}{1-(\omega RC)^2 + j\omega RC\left(2-\frac{R_1}{R_2}\right)}} \tag{17.2}$$

Amplitudengang
Gemäß Gl. (6.5) wird der Betrag von $G(\omega)$ gebildet:

$$\frac{|U_A|}{|U_E|} = |G(\omega)| = \frac{\omega RC\left(1+\frac{R_1}{R_2}\right)}{\sqrt{(1-(\omega RC)^2)^2+\left(\omega RC\left(2-\frac{R_1}{R_2}\right)\right)^2}} \tag{17.3}$$

Phasengang
Der komplex konjugierte Nenner von $G(\omega)$ liefert Real- und Imaginärteil für die Berechnung des Phasengangs.

$$\phi(\omega) = \frac{180^o}{\pi} \cdot arctan\left(-\frac{\omega RC\left(2-\frac{R_1}{R_2}\right)}{1-(\omega RC)^2}\right) + 90^o - 180^o \cdot \sigma\left(\omega - \frac{1}{RC}\right) \tag{17.4}$$

Die ungerade Polstelle im Argument der *arctan*-Funktion ist durch einen Phasensprung um -180° bei $\omega = \frac{1}{RC}$ kompensiert worden. Bei $\omega = 0$ liegt Hochpaß-Verhalten 1. Ordnung vor, daher werden für den gesamten Frequenzgang 90° addiert.

Resonanzfrequenz
Definitionsgemäß liegt Resonanz vor, wenn $G(\omega)$ reell ist.

$$1-(\omega_r RC)^2 = 0 \quad \Rightarrow \quad f_r = \frac{\omega_r}{2\pi} = \frac{1}{2\pi RC} \tag{17.5}$$

Die Amplitude beträgt bei $\omega = \omega_r$ (für: $R_1 < 2R_2$):

$$|G(\omega_r)| = G(\omega_r) = \frac{1+\frac{R_1}{R_2}}{2-\frac{R_1}{R_2}} = Q \cdot \left(1+\frac{R_1}{R_2}\right)$$

Güte
Die Güte Q ergibt sich aus dem Vergleich der allgemeinen Übertragungsfunktion gemäß Gl. (17.1) mit der konkreten Übertragungsfunktion gemäß Gl. (17.2).

$$Q = \frac{\omega_r}{\Delta\omega_{-3dB}} = \frac{1}{2 - \frac{R_1}{R_2}} \tag{17.6}$$

Sprungantwort
Die Sprungantwort wird immer aus einer mehr oder weniger (abhängig von Q) gedämpften Schwingung mit der Frequenz f_r bestehen. Daher macht es keinen Sinn, die Sprung- oder Pulsantwort bei Bandpässen (hoher Güte) zu berechnen.

17.2 Bandsperre 2. Ordnung

Ebenso wie bei den Bandpässen existieren auch keine Bandsperren 1. Ordnung. Die *allgemeine* Übertragungsfunktion von Bandpässen 2. Ordnung lautet:

$$G(\omega) = \frac{c + dP + eP^2}{1 + aP + bP^2}, \quad P = j\frac{\omega}{\omega_r} \tag{17.7}$$

Um eine vollständige Unterdrückung der Amplitude bei der Resonanzfrequenz ω_r zu erhalten, muß $d = 0$ sein. Passive und aktive *Doppel-T-Bandsperren* und *Wien-Robinson-Bandsperren* [Tie] besitzen diese Eigenschaft und sind für die Unterdrückung einzelner Frequenzen (z. B. $50\,Hz-$Netzfrequenz) gut geeignet.
Soll jedoch ein breites Frequenzband unterdrückt werden, bietet es sich an, einen Tiefpaß und einen Hochpaß 'parallel' zu schalten.

Die Tief- und Hochpässe können von beliebiger Ordnung sein; hier soll exemplarisch der Fall, daß beide von 1. Ordnung sind, behandelt werden. Die *Parallelschaltung* realisiert man durch *Addition* der Ausgangssignale von Tief- und Hochpaß. Der rechte Teil in Abb. 17.2 ist ein Spannungsaddierer

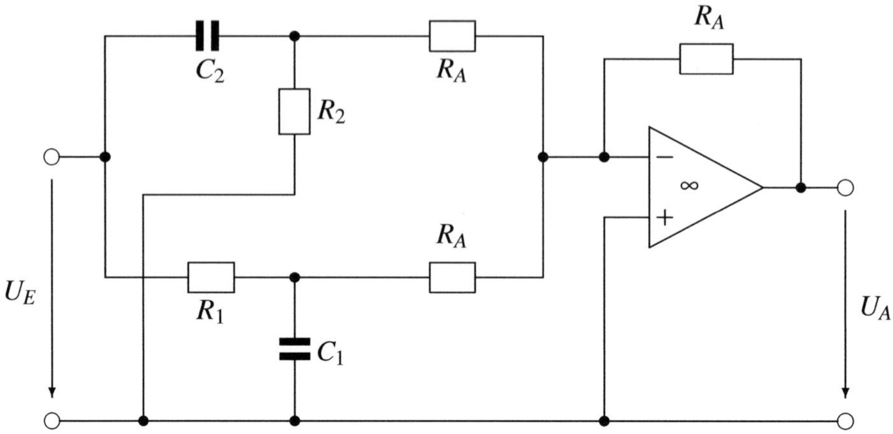

Abbildung 17.2: Aktive Bandsperre 2. Ordnung

(OPV mit den Widerständen R_A), der allerdings die Summe der addierten Spannungen mit negativem Vorzeichen versieht.

Übertragungsfunktion

Damit sich Tief- und Hochpaß nicht gegenseitig beeinflussen, müssen folgende Entkopplungsbedingungen erfüllt sein:

$$R_A \gg R_1 \qquad \text{und} \qquad R_A \gg R_2$$

Wenn dies gegeben ist, können die Übertragungsfunktionen von Tief- und Hochpaß addiert werden, um die Gesamtübertragungsfunktion zu erhalten. Ein '–'-Zeichen vor $G(\omega)$ berücksichtigt die Invertierung durch den Addierer.

$$G(\omega) = -\,[G(\omega)_{TP} + G(\omega)_{HP}] = -\,\left[\frac{1}{1+j\omega R_1 C_1} + \frac{j\omega R_2 C_2}{1+j\omega R_2 C_2}\right]$$

Dabei wurde angenommen, daß der OPV ideal ist ($V(\omega) = \infty$). Mit den Abkürzungen $c_1 = R_1 C_1$, $c_2 = R_2 C_2$ und auf einen Nenner gebracht lautet die Übertragungsfunktion:

$$\boxed{\frac{U_A}{U_E} = G(\omega) = -\,\frac{1-\omega^2 c_1 c_2 + j\omega 2 c_2}{1-\omega^2 c_1 c_2 + j\omega(c_1+c_2)}} \tag{17.8}$$

Der Vergleich mit der allgemeinen Übertragungsfunktion gemäß Gl. (17.7) zeigt, daß $d \neq 0$ ist. Daher wird diese Bandsperre bei ω_r keine vollständige Unterdrückung der Amplitude liefern können. Durch Tief- und Hochpässe höherer Ordnung kann man die Unterdrückung bei ω_r zwar erhöhen, völlig verschwinden wird die Amplitude jedoch nicht.

Amplitudengang/Phasengang

Man sollte Abstand davon nehmen, Betrag und Phase von $G(\omega)$ algebraisch zu berechnen, da die resultierenden Terme sehr umfangreich und damit unhandlich werden. Zur grafischen Darstellung von Amplituden- und Phasengang sind Plot-Programme zu empfehlen, die komplexe Zahlen verarbeiten können (z. B. *GNUPLOT*). Die komplexe Übertragungsfunktion $G(\omega)$ kann dann direkt eingegeben werden. Unter Berücksichtigung der jeweiligen Programmsyntax werden Amplituden- und Phasengang mit den üblichen Formeln berechnet:

$$|G(\omega)| = \sqrt{Re\{G(\omega)\}^2 + Im\{G(\omega)\}^2}$$

$$\phi(\omega) = \frac{180^o}{\pi} \cdot arctan\left(\frac{Im\{G(\omega)\}}{Re\{G(\omega)\}}\right)$$

Resonanzfrequenz (Maximale Unterdrückung)

Definitionsgemäß liegt Resonanz vor, wenn $G(\omega)$ reell ist.

$$G(\omega_r) = reell \quad \Rightarrow \quad 1 - {\omega_r}^2 c_1 c_2 = 0 \quad \Rightarrow \quad \omega_r = \frac{1}{\sqrt{c_1 c_2}}$$

$$\text{und} \quad G(\omega_r) = \frac{2c_2}{c_1 + c_2} = \frac{2}{\frac{c_1}{c_2} + 1}$$

Mit $c_1 = \frac{1}{\omega_{g,TP}}$ und $c_2 = \frac{1}{\omega_{g,HP}}$ folgt:

$$f_r = \frac{\omega_r}{2\pi} = \frac{\sqrt{\omega_{g,TP} \cdot \omega_{g,HP}}}{2\pi}, \qquad G(\omega_r) = \frac{2}{\frac{\omega_{g,HP}}{\omega_{g,TP}} + 1} \tag{17.9}$$

Für eine Unterdrückung von mindestens 90% bei ω_r muß folgendes erfüllt sein:

$$G(\omega_r) = \frac{2}{\frac{\omega_{g,HP}}{\omega_{g,TP}} + 1} \leq 0,1 \quad \Rightarrow \quad \omega_{g,HP} \geq 19 \cdot \omega_{g,TP}$$

Hier erkennt man, daß diese Bandsperre nur für die Unterdrückung großer Frequenzbereiche geeignet ist. Bei $\omega_{g,TP} = \omega_{g,HP}$ ist übrigens $G(\omega_r) = 1$, was auf die Überlagerung der um $\pm 45^o$ phasenverschobenen und um $-3\,dB$ gedämpften Ausgangssignale von Tief- und Hochpaß zurückzuführen ist.

Sprung- oder Pulsantwort werden nicht berechnet, da eine Übertragung derartiger Signale durch eine breite Bandsperre keinen Sinn macht.

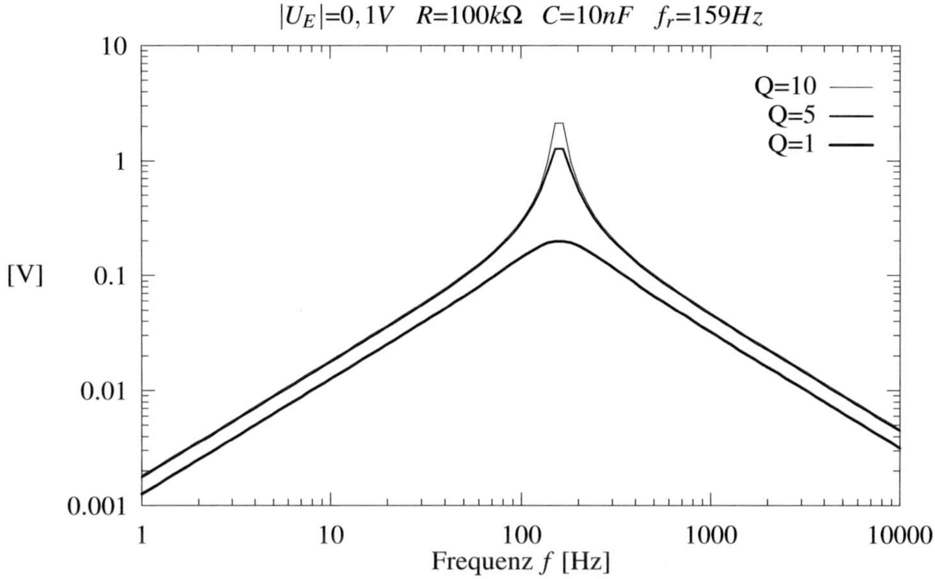

Abbildung 17.3: Aktiver Bandpaß 2. Ordnung (Amplitudengang)

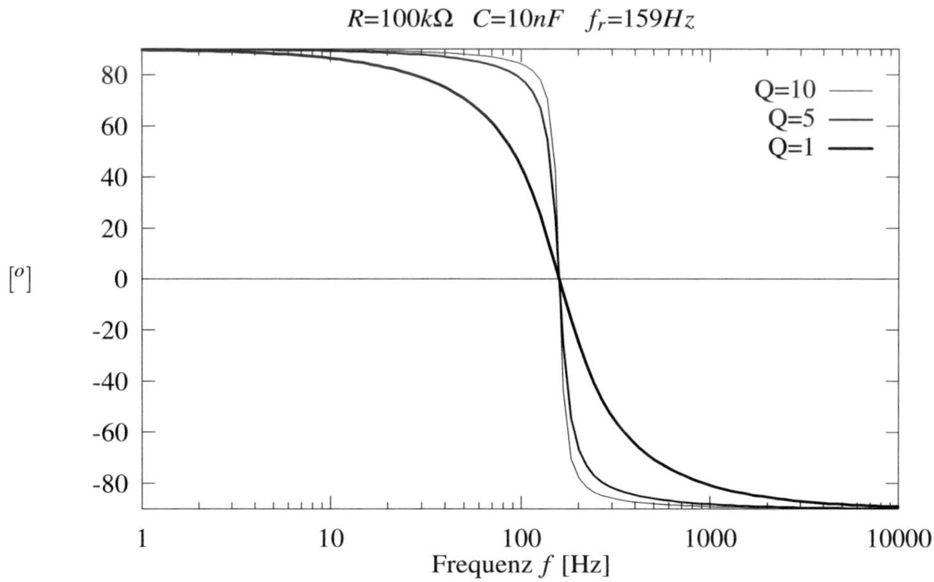

Abbildung 17.4: Aktiver Bandpaß 2. Ordnung (Phasengang)

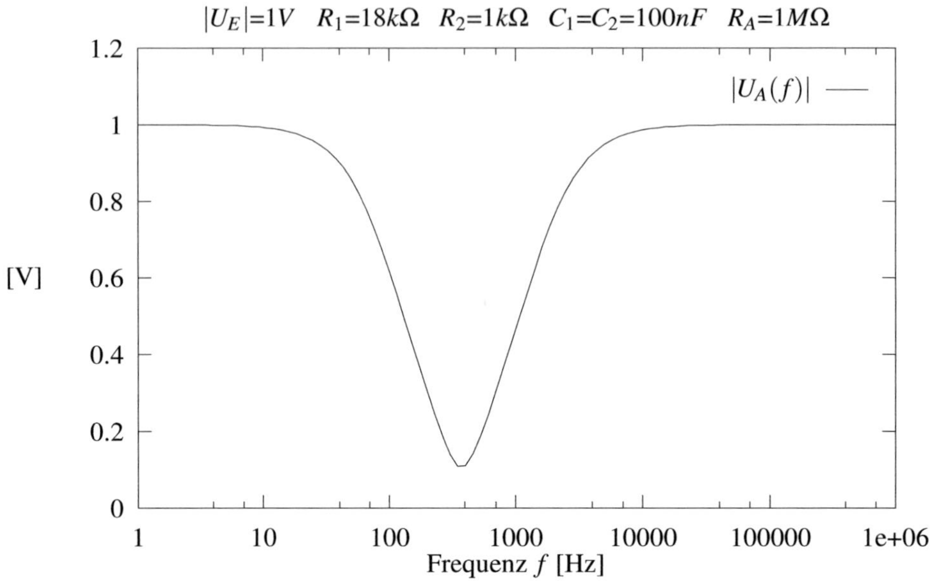

Abbildung 17.5: Aktive Bandsperre 2. Ordnung (Amplitudengang)

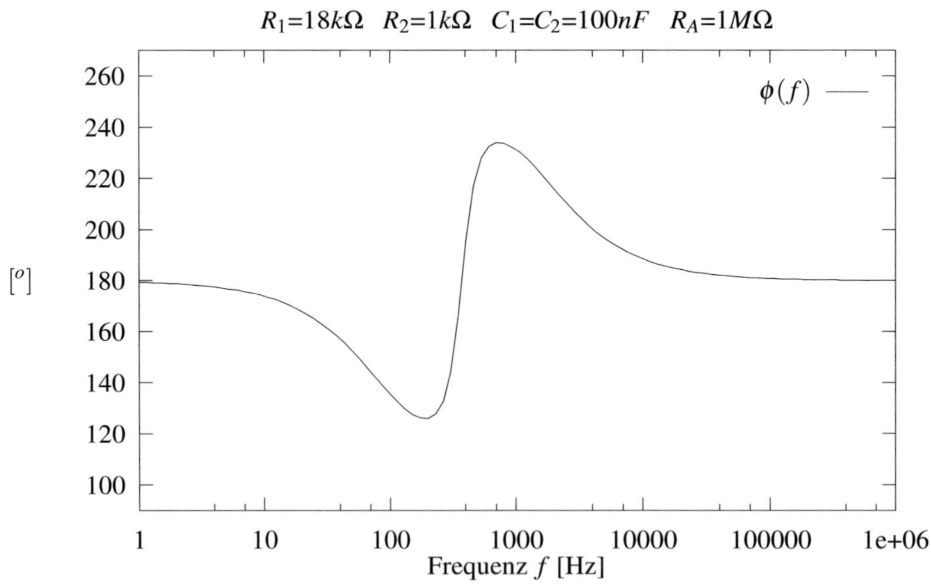

Abbildung 17.6: Aktive Bandsperre 2. Ordnung (Phasengang)

18 Aktiver Phasenschieber (Allpaß) 1. Ordnung

Beispielsweise für Lock-In-Verstärker (phasenempfindlicher Gleichrichter) benötigt man eine Schaltung, die ein Sinussignal phasenverzögert, die Amplitude jedoch nicht beeinflußt. Derartige Schaltungen werden als *Phasenschieber* oder *Allpässe* bezeichnet. Der Begriff *Allpaß* rührt daher, daß die Ausgangsamplitude im Idealfall für *alle* Frequenzen gleich der Eingangsamplitude ist. Real bewirkt der OPV jedoch ein Tiefpaß-Verhalten in der Nähe der Transitfrequenz f_T, das bei der Berechnung des Amplitudengangs zu berücksichtigen ist.
Durch Variation von R läßt sich in der Schaltung aus Abb. 18.1 bei fester Frequenz eine Phasenverschiebung von 0° bis -180° einstellen.

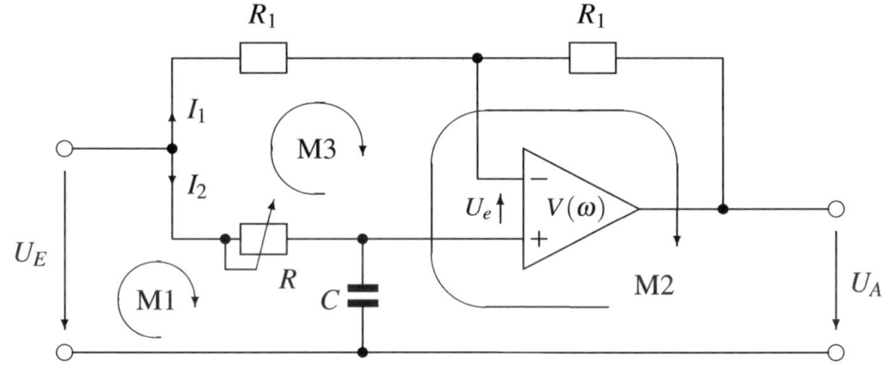

Abbildung 18.1: Aktiver Phasenschieber 1. Ordnung

Übertragungsfunktion
Mittels der Maschengleichungen M1, M2 und M3 kann die Schaltung analysiert werden.

$$\begin{array}{llrcl} \text{M1} & \rightarrow Gl.\,I: & -U_E + I_2(R+X_C) & = & 0 \\ \text{M2} & \rightarrow Gl.\,II: & -I_2(R+X_C) + I_1\,2R_1 + U_A & = & 0 \\ \text{M3} & \rightarrow Gl.\,III: & -I_2R + I_1R_1 - U_e & = & 0 \end{array}$$

Da die Schaltung das Eingangssignal nicht verstärken soll, genügt hier völlig die vereinfachte OPV-Übertragungsfunktion:

$$V(\omega) = \frac{U_a}{U_e} = \frac{U_A - I_2 X_C}{U_e} = \frac{\omega_T}{j\omega} \quad \Rightarrow \quad U_e = \frac{j\omega}{\omega_T}\left(U_A - I_2 X_C\right)$$

Es ergibt sich folgende Koeffizientenmatrix:

Gl.	I_1	I_2	U_A	U_E
II	$2R_1$	$-R - X_C$	1	0
III	R_1	$\frac{j\omega}{\omega_T} X_C - R$	$-\frac{j\omega}{\omega_T}$	0
I	0	$R + X_C$	0	1

Nach zwei Gleichungsumformungen erhält man die Dreiecksgestalt der Matrix.

$$II - 2 \cdot III \rightarrow III\,, \qquad I - \frac{R + X_C}{R - X_C\left(1 + j\frac{2\omega}{\omega_T}\right)} \cdot III \rightarrow I$$

Gl.	I_1	I_2	U_A	U_E
II	$2R_1$	$-R - X_C$	1	0
III	0	$R - X_C\left(1 + j\frac{2\omega}{\omega_T}\right)$	$1 + j\frac{2\omega}{\omega_T}$	0
I	0	0	$-\frac{(R+X_C)\left(1+j\frac{2\omega}{\omega_T}\right)}{R-X_C\left(1+j\frac{2\omega}{\omega_T}\right)}$	1

Gl. I liefert die Übertragungsfunktion:

$$-\frac{(R + X_C)\left(1 + j\frac{2\omega}{\omega_T}\right)}{R - X_C\left(1 + j\frac{2\omega}{\omega_T}\right)}\, U_A = U_E \qquad \text{mit:} \;\; X_C = \frac{1}{j\omega C}$$

$$\frac{U_A}{U_E} = G(\omega) = \frac{1 + j\omega\left(\frac{2}{\omega_T} - RC\right)}{(1 + j\omega RC)\left(1 + j\frac{2\omega}{\omega_T}\right)} \qquad (18.1)$$

Bei einem idealen OPV vereinfacht sich $G(\omega)$ zu einer Übertragungsfunktion 1. Ordnung.

$$\omega_T = \infty \qquad \Rightarrow \qquad G(\omega) = \frac{1 - j\omega RC}{1 + j\omega RC}$$

Amplitudengang
Gemäß Gl. (6.5) wird der Betrag von $G(\omega)$ gebildet:

$$|G(\omega)| = \frac{\left|1 + j\omega\left(\frac{2}{\omega_T} - RC\right)\right|}{|1 + j\omega RC| \cdot \left|1 + j\frac{2\omega}{\omega_T}\right|}$$

$$\boxed{\frac{|U_A|}{|U_E|} = |G(\omega)| = \sqrt{\frac{1 + \omega^2\left(\frac{2}{\omega_T} - RC\right)^2}{(1 + (\omega RC)^2)\left(1 + \left(\frac{2\omega}{\omega_T}\right)^2\right)}}} \tag{18.2}$$

Das ideale Allpaß-Verhalten ergibt sich bei einem idealen OPV:

$$\omega_T = \infty \qquad \Rightarrow \qquad |G(\omega)| = \sqrt{\frac{1 + (\omega RC)^2}{1 + (\omega RC)^2}} = 1$$

Phasengang
Der OPV hat keinen signifikanten Einfluß auf den Phasengang; die dominierenden Größen sind hier R und C. Wir setzen in $G(\omega)$ daher $\omega_T = 0$.

$$G(\omega) = \frac{1 - j\omega RC}{1 + j\omega RC} = \frac{1 - (\omega RC)^2 - j2\omega RC}{1 + (\omega RC)^2}$$

$$\boxed{\begin{aligned} \phi(\omega) &= -\frac{180^o}{\pi} \cdot arctan\left(\frac{2\omega RC}{1 - (\omega RC)^2}\right) - 180^o \cdot \sigma\left(\omega - \frac{1}{RC}\right) \\ &= -\frac{180^o}{\pi} \cdot 2 \cdot arctan(\omega RC) \end{aligned}} \tag{18.3}$$

Pulsantwort

Auch hier kann der Einfluß des OPVs vernachlässigt werden, weil R und C die Puls-Verformung dominant beeinflussen. Aus $G(\omega)$ ergibt sich mit $s = j\omega$:

$$G(s) = \frac{1 - sRC}{1 + sRC} = \frac{\frac{1}{RC}}{s + \frac{1}{RC}} - \frac{s}{s + \frac{1}{RC}}$$

Die Laplace-transformierte Ausgangsspannung lautet:

$$U_A(s) = U_E(s) \cdot G(s) = |U_E| \left(1 - e^{-\tau s}\right) \left[\frac{\frac{1}{RC}}{s\left(s + \frac{1}{RC}\right)} - \frac{1}{s + \frac{1}{RC}}\right]$$

Die benötigten Korrespondenzen lauten mit $k = \frac{1}{RC}$:

$$\frac{k}{s(s+k)} \bullet\!\!-\!\!\!-\!\!\circ\; 1 - e^{-kt}\,, \qquad \frac{1}{s+k} \bullet\!\!-\!\!\!-\!\!\circ\; e^{-kt}$$

Durch Rücktransformation von $U_A(s)$ erhält man die Pulsantwort:

$$\boxed{U_A(t) = |U_E| \left[1 - 2e^{-kt} - \sigma(t - \tau)\left(1 - 2e^{-k(t-\tau)}\right)\right]} \tag{18.4}$$

In Abb. 18.5 ist die Pulsantwort exemplarisch dargestellt; man sieht, daß der *alleinige* Einfluß des Phasengangs die Pulsform beträchtlich verändern kann. Unabhängig von RC produziert der Phasenschieber an den Flanken des Pulses immer Spitzen mit der Höhe des Eingangspulses. Die Breite der Spitzen sowie die sonstige Form der Pulsantwort ist hingegen von RC abhängig.

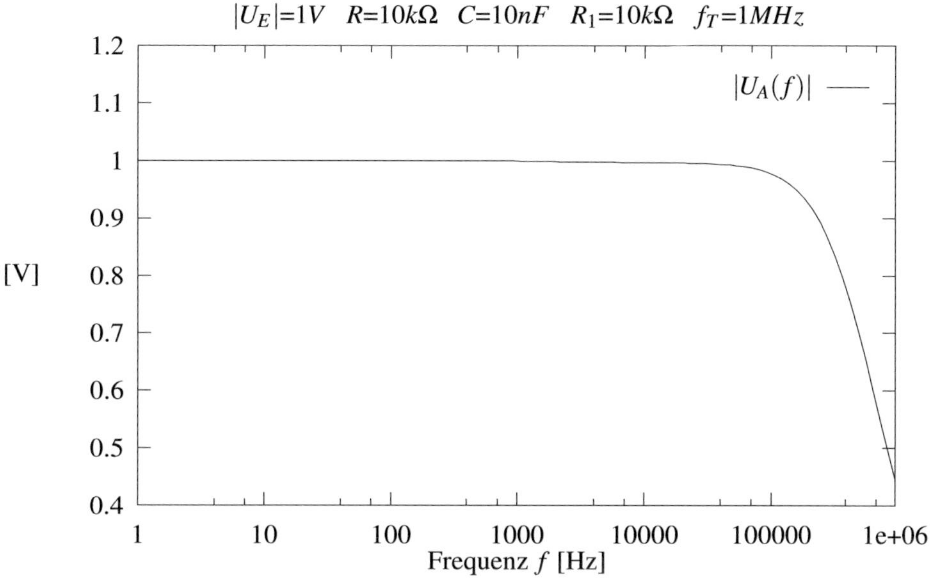

Abbildung 18.2: Aktiver Phasenschieber 1. Ordnung (Ampl.gang)

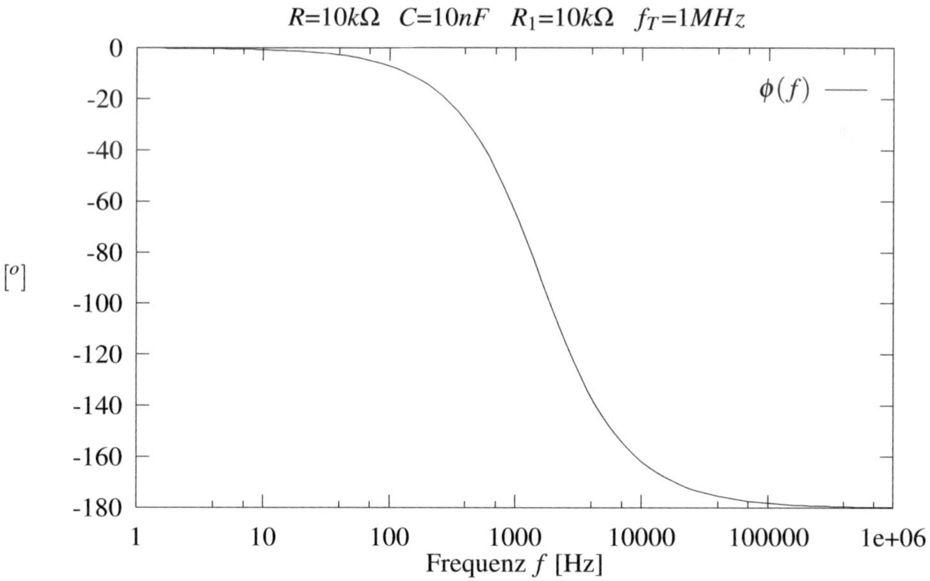

Abbildung 18.3: Aktiver Phasenschieber 1. Ordnung (Phasengang)

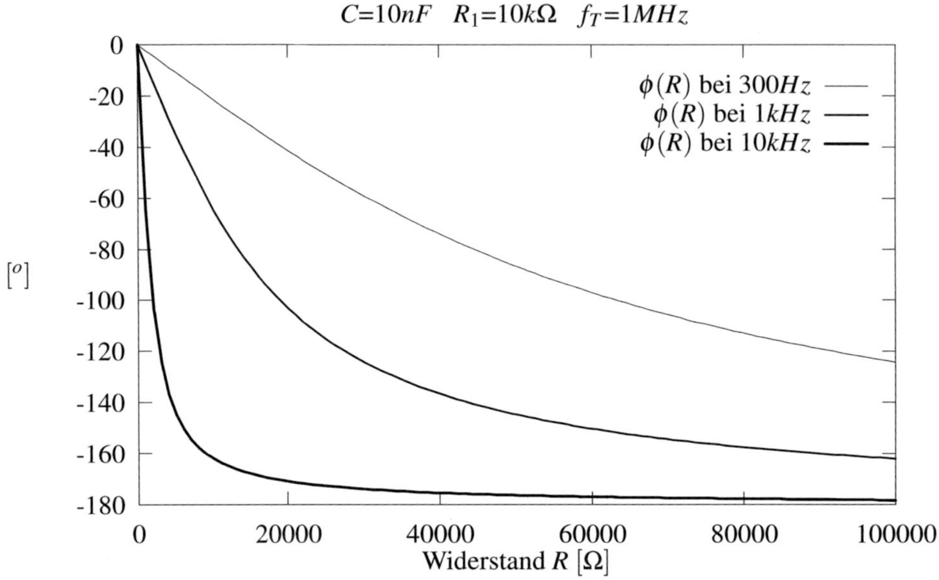

Abbildung 18.4: Aktiver Phasenschieber 1. Ordnung (R-Abhängigk.)

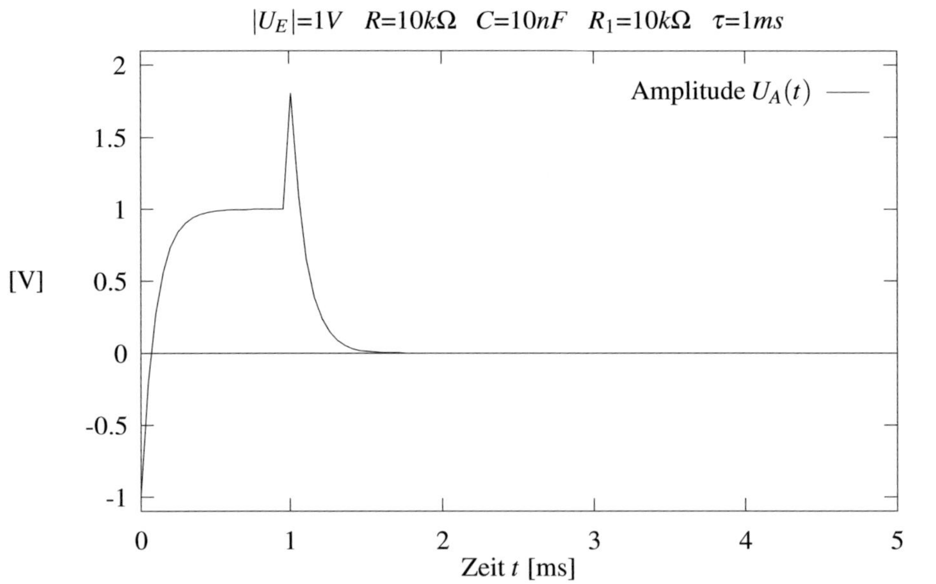

Abbildung 18.5: Aktiver Phasenschieber 1. Ordnung (Pulsantwort)

19 Verstärker mit OPV

Den beiden grundlegenden Schaltungstypen, *invertierender Verstärker* und *nicht-invertierender Verstärker*, werden üblicherweise frequenzunabhängige Verstärkungsfaktoren zugeschrieben, die nur von den externen, ohmschen Widerständen abhängen. Für die Verstärkung von Gleichspannungen oder *nieder*frequenten Wechselspannungen ist das sicher gerechtfertigt.

Bei höheren Frequenzen, die aber ggf. noch weit unterhalb der OPV-Transitfrequenz liegen, kann der tatsächliche Verstärkungsfaktor von dem für Gleichspannungen erheblich abweichen. Der Grund hierfür ist das Tiefpaß-Verhalten des OPVs. Die OPV-Übertragungsfunktion $V(\omega)$ wird daher bei der Analyse der Verstärkerschaltungen berücksichtigt.

19.1 Invertierender Verstärker

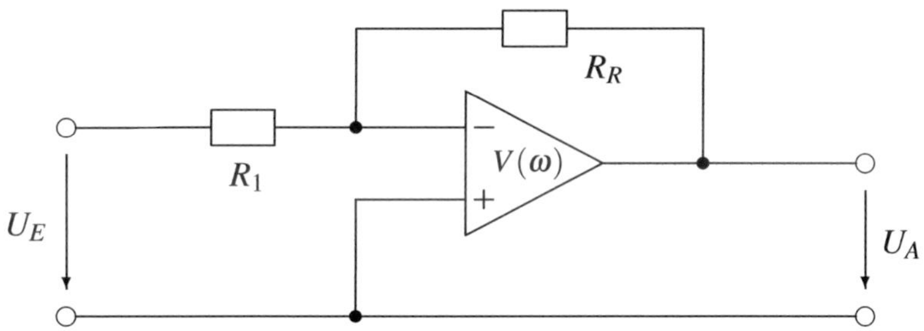

Abbildung 19.1: Invertierender Verstärker mit OPV

Übertragungsfunktion

Wir können auf die allgemeine Übertragungsfunktion der *invertierenden Grundschaltung* (Kapitel 14) zurückgreifen. Mit $Z_1 = R_1$ und $Z_R = R_R$ erhält man:

$$G(\omega) = -\frac{V(\omega)}{1 + \frac{R_1}{R_R}(1 + V(\omega))} \qquad \text{mit:} \quad V(\omega) = \frac{V_0}{1 + j\omega\frac{V_0}{\omega_T}}$$

Setzt man $V(\omega)$ explizit in $G(\omega)$ ein, ergibt sich (mit $V_0 \gg 1$):

$$\frac{U_A}{U_E} = G(\omega) = -\frac{1}{\frac{1}{V_0} + \frac{R_1}{R_R} + j\frac{\omega}{\omega_T}\left(1 + \frac{R_1}{R_R}\right)} \tag{19.1}$$

Man sieht, daß der invertierende Verstärker ein Tiefpaß-Verhalten 1. Ordnung aufweist, welches vom OPV verursacht wird. Geht man zum idealen OPV über, vereinfacht sich $G(\omega)$ zu:

$$V_0 = \infty\,, \quad \omega_T = \infty \quad \Rightarrow \quad G(\omega) = -\frac{R_R}{R_1} \quad \Rightarrow \quad G_0 = |G(\omega)| = \frac{R_R}{R_1}$$

Die nominelle Spannungsverstärkung $G_0 = \frac{R_R}{R_1}$ wird jedoch nur unterhalb der Grenzfrequenz f_g (s. u.) erreicht.

Amplitudengang

$$\frac{|U_A|}{|U_E|} = |G(\omega)| = \frac{1}{\sqrt{\left(\frac{1}{V_0} + \frac{1}{G_0}\right)^2 + \frac{\omega^2}{{\omega_T}^2}\left(1 + \frac{1}{G_0}\right)^2}} \tag{19.2}$$

Phasengang

$$\phi(\omega) = -\frac{180^o}{\pi} \cdot arctan\left(\frac{\frac{\omega}{\omega_T}\left(1 + \frac{1}{G_0}\right)}{\frac{1}{V_0} + \frac{1}{G_0}}\right) + 180^o \tag{19.3}$$

Wegen der Invertierung des Eingangssignals werden zum gesamten Phasengang 180° addiert.

Grenzfrequenz

Die –3 dB-Grenzfrequenz ergibt sich aus folgender Bedingung:

$$|G(\omega_g)| = \frac{G_0}{\sqrt{2}} \quad \Rightarrow \quad \left(\frac{1}{V_0} + \frac{1}{G_0}\right)^2 + \frac{{\omega_g}^2}{{\omega_T}^2}\left(1 + \frac{1}{G_0}\right)^2 = \frac{2}{{G_0}^2}$$

$$f_g = \frac{\omega_g}{2\pi} = \frac{\omega_T}{2\pi} \frac{\sqrt{\frac{2}{{G_0}^2} - \left(\frac{1}{V_0} + \frac{1}{G_0}\right)^2}}{1 + \frac{1}{G_0}} \tag{19.4}$$

In der Regel ist $V_0 \gg G_0$, so daß sich die Gleichung vereinfacht:

$$f_g = \frac{\omega_g}{2\pi} = \frac{\omega_T}{2\pi} \frac{1}{1+G_0}$$

Bei einer Gleichspannungsverstärkung von $G_0 = 1$ ist $f_g = \frac{f_T}{2}$. Im nächsten Kapitel wird gezeigt, daß der nicht-invertierende Verstärker bei derselben Gleichspannungsverstärkung ($G_0 = 1$) eine höhere Grenzfrequenz aufweist.

Pulsantwort
Sie entspricht der Pulsantwort eines Tiefpasses 1. Ordnung mit der Grenzfrequenz ω_g zuzüglich der Gleichspannungsverstärkung:

$$U_A(t) = -|U_E|\, G_0 \left[\left(1 - e^{-\omega_g t}\right) - \sigma(t-\tau)\left(1 - e^{-\omega_g (t-\tau)}\right)\right] \tag{19.5}$$

Eingangswiderstand
Der Eingangswiderstand des (idealen) invertierenden Verstärkers ist gleich R_1, da die Spannungsdifferenz U_e zwischen den OPV-Eingängen vernachlässigbar klein ist und daher R_1 über einen virtuellen Kurzschluß mit dem Bezugspotential (Masse) verbunden ist.

19.2 Nicht-invertierender Verstärker

Übertragungsfunktion
Die Schaltung kann anhand einer einzigen Maschengleichung (M1) analysiert werden:

$$\text{M1:} \quad -U_E + U_e + \tfrac{R_1}{R_R+R_1}\, U_A = 0$$

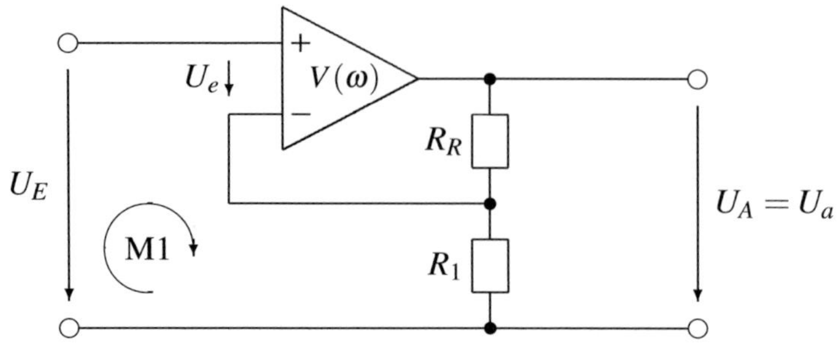

Abbildung 19.2: Nicht-invertierender Verstärker mit OPV

Mit $U_A = U_a = U_e \cdot V(\omega)$ ergibt sich folgende Gleichung:

$$-\frac{1}{G(\omega)} + \frac{1}{V(\omega)} + \frac{R_1}{R_R + R_1} = 0 \quad \text{mit:} \quad V(\omega) = \frac{V_0}{1 + j\omega \frac{V_0}{\omega_T}}$$

Setzt man $V(\omega)$ explizit ein, ergibt sich (mit $V_0 \gg 1$):

$$\frac{U_A}{U_E} = G(\omega) = \frac{1}{\frac{R_1}{R_R+R_1} + \frac{1}{V_0} + j\frac{\omega}{\omega_T}} \tag{19.6}$$

Auch der nicht-invertierende Verstärker besitzt ein Tiefpaß-Verhalten 1. Ordnung, welches vom OPV verursacht wird. Geht man zum idealen OPV über, vereinfacht sich $G(\omega)$ zu:

$$V_0 = \infty\,, \quad \omega_T = \infty \qquad \Rightarrow \qquad G(\omega) = G_0 = 1 + \frac{R_R}{R_1}$$

Die nominelle Spannungsverstärkung $G_0 = 1 + \frac{R_R}{R_1}$ wird wiederum nur unterhalb der Grenzfrequenz f_g (s. u.) erreicht.

Amplitudengang

$$\frac{|U_A|}{|U_E|} = |G(\omega)| = \frac{1}{\sqrt{\left(\frac{1}{G_0} + \frac{1}{V_0}\right)^2 + \frac{\omega^2}{{\omega_T}^2}}} \tag{19.7}$$

Phasengang

$$\phi(\omega) = \frac{180^o}{\pi} \cdot arctan\left(\frac{\frac{\omega}{\omega_T}}{\frac{1}{G_0} + \frac{1}{V_0}}\right) \tag{19.8}$$

Der Phasengang entspricht prinzipiell dem eines Tiefpasses 1. Ordnung, allerdings mit positivem Vorzeichen.

Grenzfrequenz
Die –3 dB-Grenzfrequenz ergibt sich aus folgender Bedingung:

$$|G(\omega_g)| = \frac{G_0}{\sqrt{2}} \quad \Rightarrow \quad \left(\frac{1}{G_0} + \frac{1}{V_0}\right)^2 + \frac{\omega_g{}^2}{\omega_T{}^2} = \frac{2}{G_0{}^2}$$

$$f_g = \frac{\omega_g}{2\pi} = \frac{\omega_T}{2\pi}\sqrt{\frac{2}{G_0{}^2} - \left(\frac{1}{G_0} + \frac{1}{V_0}\right)^2} \tag{19.9}$$

Für $V_0 \gg G_0$ vereinfacht sich die Gleichung zu:

$$f_g = \frac{\omega_g}{2\pi} = \frac{\omega_T}{2\pi}\frac{1}{G_0} \tag{19.10}$$

Bei einer Gleichspannungsverstärkung von $G_0 = 1$, also $R_1 \gg R_R$, ist $f_g = f_T$. Demnach ist hier die Grenzfrequenz im Fall eines Verstärkungsfaktors von eins doppelt so groß wie beim invertierenden Verstärker. Insofern ist der nicht-invertierende Verstärker vorteilhaft. Allerdings neigt der nicht-invertierende Verstärker mit einem realen OPV bei $G_0 = 1$ zu einer leichten Amplitudenüberhöhung in der Nähe der Grenzfrequenz, was beispielsweise mit dem Simulationsprogramm PSpice demonstriert werden kann. Hier zeigt sich, daß das verwendete $V(\omega)$ zwar in weiten Grenzen eine sehr gute Näherung des OPV-Übertragungsverhaltens ist, jedoch unter bestimmten Bedingungen in der Nähe der Transitfrequenz Abweichungen vom realen Übertragungsverhalten auftreten können.

Pulsantwort
Sie entspricht der Pulsantwort eines Tiefpasses 1. Ordnung mit der Grenzfrequenz ω_g zuzüglich der Gleichspannungsverstärkung G_0:

$$U_A(t) = |U_E|\, G_0 \left[\left(1 - e^{-\omega_g t}\right) - \sigma(t-\tau) \left(1 - e^{-\omega_g (t-\tau)}\right) \right] \quad (19.11)$$

Eingangswiderstand
Der Eingangswiderstand des (idealen) nicht-invertierenden Verstärkers ist gleich ∞, wenn der OPV-Eingangsstrom als vernachlässigbar klein betrachtet wird.

Grafische Darstellung
Das Übertragungsverhalten der beiden Verstärker unterscheidet sich bei den gegebenen Parametern nicht nennenswert.

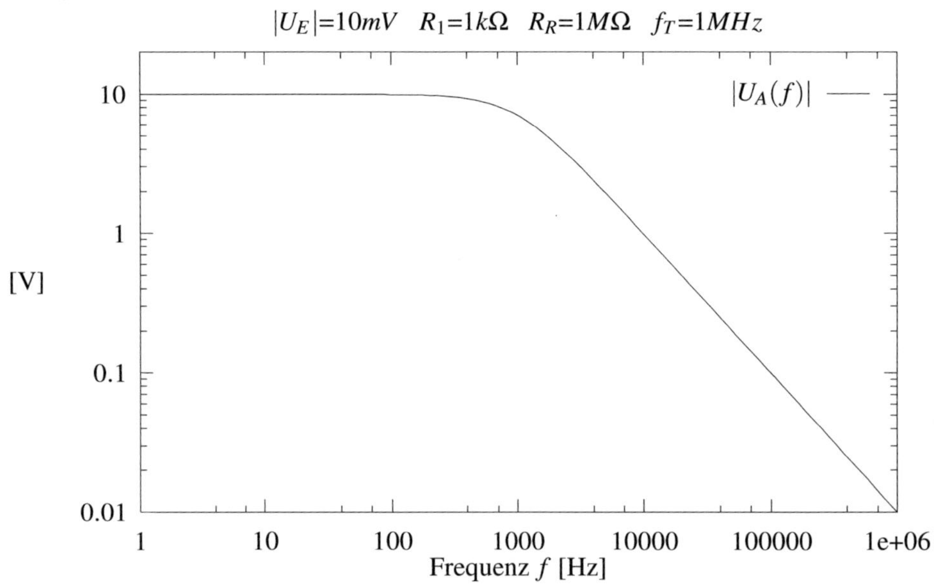

Abbildung 19.3: Invertierender Verstärker (Amplitudengang)

20 Strom/Spannungs-Wandler

Der Strom/Spannungs-Wandler (kurz: I/U-Wandler) wird auch als *Transimpedanz-Schaltung* bezeichnet, da bei der Signalübertragung, ähnlich wie bei einer Impedanz, eine dem Eingangsstrom proportionale Ausgangsspannung erzeugt wird. Diese Schaltung hat in der Praxis eine besondere Bedeutung, da sie häufig als Verstärkerschaltung für **Fotodioden** verwendet wird.
Jeder Widerstand ist nichts anderes als ein I/U-Wandler, allerdings mit dem Nachteil, daß die Ausgangsimpedanz dieses 'Wandlers' gleich dem Widerstandswert ist. Bei einem aktiven I/U-Wandler wird hingegen die Ausgangsimpedanz durch den OPV bestimmt und ist daher unabhängig vom Proportionalitätsfaktor zwischen I und U. Ein Wandler mit belastbarem Ausgang – auch bei kleinen Eingangsströmen – ist daher nur durch eine aktive Schaltung realisierbar.

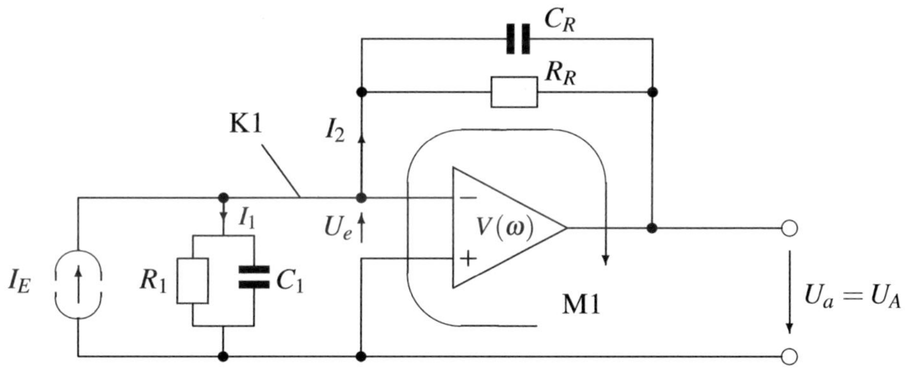

Abbildung 20.1: I/U-Wandler mit realer Stromquelle

Eine reale Stromquelle, z. B. eine Fotodiode, kann zerlegt werden in eine ideale Stromquelle (*Impedanz* $= \infty$) und eine real immer vorhandene Parallelimpedanz $Z_1 = R_1 \| C_1$.
Wie oben bereits angedeutet sei darauf hingewiesen, daß die vermutlich häufigste Anwendung des I/U-Wandlers, nämlich die Verstärkung von

Fotodioden-Signalen, durch die Schaltung in Abb. 20.1 erfaßt wird. Denn das Ersatzschaltbild einer Fotodiode ist in sehr guter Näherung identisch mit dem einer realen Stromquelle. Kapitel 20.1 geht etwas detaillierter auf den I/U-Wandler mit Fotodiode ein, während hier zunächst das Übertragungsverhalten für beliebige Stromquellen untersucht werden soll.

Übertragungsfunktion

Mittels der Maschengleichung M1 und der Knotengleichung K1 wird die Schaltung analysiert.

$$\begin{array}{lllcc} \text{M1} & \rightarrow & Gl.\,I: & U_e + I_2 Z_R + U_A & = & 0 \\ \text{K1} & \rightarrow & Gl.\,II: & I_E - I_1 - I_2 & = & 0 \end{array}$$

$$Z_1 = R_1 \| C_1 \,, \quad Z_R = R_R \| C_R \,, \quad U_e = \frac{U_A}{V(\omega)} \,, \quad I_1 = \frac{U_e}{Z_1} = \frac{U_A}{V(\omega) Z_1}$$

Es ergibt sich folgende Koeffizientenmatrix:

$Gl.$	I_2	U_A	I_E
I	Z_R	$1 + \frac{1}{V(\omega)}$	0
II	-1	$\frac{1}{V(\omega) Z_1}$	-1

Nach der Umformung $I + Z_R \cdot II \rightarrow II$ erhält man:

$Gl.$	I_2	U_A	I_E
I	Z_R	$1 + \frac{1}{V(\omega)}$	0
II	0	$1 + \frac{1}{V(\omega)} \left(1 + \frac{Z_R}{Z_1}\right)$	$-Z_R$

Gl. II liefert die Übertragungsfunktion:

$$\frac{U_A}{I_E} = G(\omega) = -\frac{Z_R}{1 + \frac{1}{V(\omega)} \left(1 + \frac{Z_R}{Z_1}\right)} \qquad \text{mit:} \quad V(\omega) = \frac{V_0}{1 + j\omega \frac{V_0}{\omega_T}}$$

Es wird die vollständige OPV-Übertragungsfunktion angesetzt, da auch sehr hohe Verstärkungen erfaßt werden sollen. Nach dem Einsetzen von $V(\omega)$ lautet $G(\omega)$ mit $\frac{1}{V_0} \ll 1$:

$$\frac{U_A}{I_E} = G(\omega) = -\frac{Z_R}{1+\frac{Z_R}{V_0 Z_1}+j\frac{\omega}{\omega_T}\left(1+\frac{Z_R}{Z_1}\right)}$$

Die Übertragungsfunktion $G(\omega)$ ist nicht wie sonst üblich dimensionslos, sondern besitzt die Einheit $[\Omega]$. $G(\omega)$ stellt die *Transimpedanz* dar. Es sind nun noch Z_1 und Z_R explizit anzugeben:

$$Z_1 = R_1 || C_1 = \frac{R_1}{1+j\omega R_1 C_1}\,, \qquad Z_R = R_R || C_R = \frac{R_R}{1+j\omega R_R C_R}$$

Nach dem Einsetzen von Z_1 und Z_R lautet $G(\omega)$ unter Vernachlässigung des Terms $\frac{R_R}{V_0 R_1}$:

$$\boxed{G(\omega) = -\frac{R_R}{1-\frac{\omega^2}{\omega_T}R_R(C_R+C_1)+j\omega\left(\frac{1}{\omega_T}+R_R\left(\frac{1}{R_1\omega_T}+C_R+\frac{C_1}{V_0}\right)\right)}} \qquad (20.1)$$

Bei einem idealen OPV vereinfacht sich $G(\omega)$ zu:

$$V_0 = \infty,\ \omega_T = \infty \quad \Rightarrow \quad G(\omega) = -\frac{R_R}{1+j\omega R_R C_R} \quad \Rightarrow \quad f_g = \frac{1}{2\pi R_R C_R}$$

Die idealisierte Übertragungsfunktion besitzt offensichtlich Tiefpaß-Charakter 1. Ordnung. Es sei jedoch betont, daß die Näherung mit idealem OPV das reale Übertragungsverhalten äußerst unzureichend wiedergibt. Eine oft auftretende Amplitudenüberhöhung (Gain-Peak) wird durch die idealisierte Übertragungsfunktion *nicht* erfaßt. Insbesondere bei Stromquellen (Fotodioden) mit hoher Parallelkapazität C_1 ist der ω^2-Term im Nenner von $G(\omega)$ nicht vernachlässigbar.

Um die weitere Analyse übersichtlich zu halten, führen wir folgende Abkürzungen ein:

$$a = \frac{1}{\omega_T}+R_R\left(\frac{1}{R_1\omega_T}+C_R+\frac{C_1}{V_0}\right)\,, \quad b = \frac{R_R}{\omega_T}(C_R+C_1)$$

Die Übertragungsfunktion (mit realem OPV) lautet dann:

$$\frac{U_A}{I_E} = G(\omega) = -\frac{R_R}{1-\omega^2 b + j\omega a} \tag{20.2}$$

Amplitudengang

$$\frac{|U_A|}{|I_E|} = |G(\omega)| = \frac{R_R}{\sqrt{(1-\omega^2 b)^2 + (\omega a)^2}} \tag{20.3}$$

Man beachte, daß die Amplitude für $\omega \to \infty$ mit -40 dB/Dekade abfällt, also deutlich schneller als beim einfachen Tiefpaß 1. Ordnung.

Gain-Peak
Eine Amplitudenüberhöhung (Gain-Peak) kann bei folgender Frequenz auftreten:

$$1 - \omega_{GP}{}^2 b = 0 \quad \Rightarrow \quad f_{GP} = \frac{\omega_{GP}}{2\pi} = \frac{1}{2\pi}\sqrt{\frac{\omega_T}{R_R(C_R + C_1)}} \tag{20.4}$$

Ein Gain-Peak tritt auf, wenn bei steigender Frequenz der Term $\omega^2 b$ eher in die Größenordnung von 1 kommt als der Term ωa. In der Regel ist der Gain-Peak unerwünscht; bei einer Fotodiode als Stromquelle kann er durch Vergrößerung von C_R eliminiert werden, da in diesem Fall C_R stärker in a als in b eingeht.[6]

Kritische Dämpfung
Der I/U-Wandler kann so dimensioniert werden, daß garantiert kein Gain-Peak entsteht, also auch kein Überschwingen an einer sprungartigen Signalflanke. Man erreicht diesen Zustand der *kritischen Dämpfung*, indem man

[6] Wenn C_R der Eigenkapazität des Rückkopplungswiderstands R_R entspricht, ist in aller Regel $C_R \ll C_1 = C_{Fotodiode}$. In b ist daher C_1 die dominante Kapazität.

den Rückkopplungskondensator C_R passend wählt:

$$C_R = \sqrt{\frac{4C_1}{R_R\,\omega_T}} \tag{20.5}$$

Diese Dimensionierungsvorschrift ergibt sich als Näherung, wenn man das weiter unten definierte k_3 gegen Null gehen läßt. Um Überschwingen zu vermeiden, könnte man auch einen noch größeren Wert für C_R verwenden, was allerdings die Grenzfrequenz unnötig senken würde.

Grenzfrequenz
Sie ergibt sich aus folgender Bedingung:

$$|G(\omega_g)| = \frac{R_R}{\sqrt{2}} \quad \Rightarrow \quad \left(1-\omega_g{}^2 b\right)^2 + (\omega_g a)^2 = 2$$

Die einzige positive, reelle Lösung dieser Gleichung lautet:

$$f_g = \frac{\omega_g}{2\pi} = \frac{1}{2\pi}\sqrt{\frac{1}{2b^2}(2b-a^2) + \sqrt{\frac{1}{4b^4}(2b-a^2)^2 + \frac{1}{b^2}}} \tag{20.6}$$

Phasengang

$$\phi(\omega) = -\frac{180^o}{\pi}\cdot arctan\left(\frac{\omega a}{1-\omega^2 b}\right) + 180^o \;-180^o\cdot\sigma\left(\omega-\omega_{GP}\right) \tag{20.7}$$

Die Polstelle im Argument der *arctan*-Funktion wird durch den Phasensprung um -180° bei $\omega = \omega_{GP}$ kompensiert. Die Invertierung des Eingangssignals findet durch die Addition von 180° bei allen Frequenzen Berücksichtigung.

Pulsantwort
Aus $G(\omega)$ ergibt sich mit $s = j\omega$:

$$G(s) = -\frac{R_R}{bs^2+as+1} = -\frac{R_R/b}{s^2+\frac{a}{b}s+\frac{1}{b}}$$

Die Laplace-transformierte Ausgangsspannung lautet:

$$U_A(s) = I_E(s) \cdot G(s) = -\left|I_E\right| \frac{R_R}{b} \frac{1-e^{-\tau s}}{s\left(s^2+\frac{a}{b}s+\frac{1}{b}\right)}$$

Es wird also folgende Korrespondenz benötigt:

$$\frac{1}{s\left(s^2+2k_1 s+{k_2}^2\right)} \quad \bullet\!\!-\!\!\!-\!\!\circ \quad \frac{1}{{k_2}^2}\left[1-e^{-k_1 t}\left\{\frac{k_1}{k_3}sin(k_3 t)+cos(k_3 t)\right\}\right]$$

$$\text{Mit:}\quad k_1 = \frac{a}{2b}\,,\quad k_2 = \frac{1}{\sqrt{b}} \quad \text{und} \quad {k_3}^2 = {k_2}^2 - {k_1}^2 > 0$$

Die Rücktransformation von $U_A(s)$ liefert folgende Pulsantwort:

$$U_A(t) = -\left|I_E\right| R_R \left[1-e^{-k_1 t}\left\{\frac{k_1}{k_3}sin(k_3 t)+cos(k_3 t)\right\}\right.$$
$$\left. -\sigma(t-\tau)\left(1-e^{-k_1(t-\tau)}\left\{\frac{k_1}{k_3}sin(k_3(t-\tau))+cos(k_3(t-\tau))\right\}\right)\right] \tag{20.8}$$

Für den Fall ${k_3}^2 = {k_1}^2 - {k_2}^2 > 0$ ist zu ersetzen:

$$sin \;\rightarrow\; sinh\,, \qquad cos \;\rightarrow\; cosh$$

20.1 I/U-Wandler mit Fotodiode

Wie bereits erwähnt wurde, entspricht das Ersatzschaltbild einer Fotodiode dem einer realen Stromquelle [Com]. Bei einer Fotodiode als Stromquelle ist die Parallelkapazität C_1 von besonderer Bedeutung. C_1 ist proportional zur fotoaktiven Fläche und liegt bei etwa $50\ldots5000\,pF$. Der entsprechende kapazitive Blindwiderstand hat selbst bei sehr kleinen Frequenzen ($< 1\,Hz$) einen geringeren Wert als R_1 (R_1 liegt bei etwa $100\,M\Omega\ldots10\,G\Omega$), daher wird die Parallelimpedanz der Fotodiode im wesentlichen von C_1 bestimmt. Der Fotostrom I_F ist proportional zur Lichtleistung P, die auf die fotoaktive

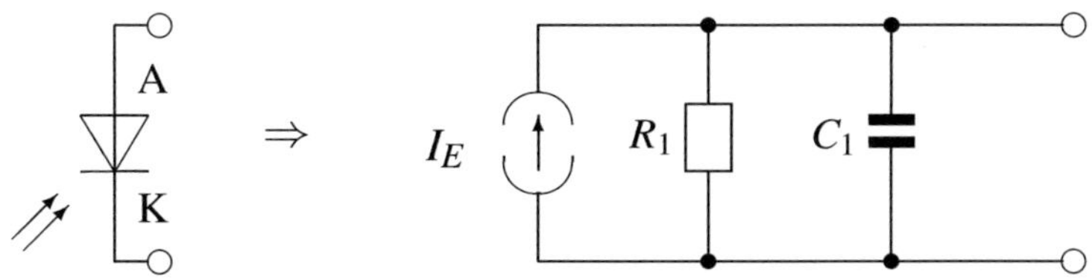

Abbildung 20.2: Erzatzschaltbild einer Fotodiode

Fläche fällt. Der Proportionalitätsfaktor wird als *Empfindlichkeit (Sensitivity)* bezeichnet und liegt in der Größenordnung $0,1\ldots 0,5A/W$[7].
Mit Hilfe des im letzten Kapitel beschriebenen *I/U-Wandlers* läßt sich eine leicht meßbare Spannung erzeugen, die direkt proportional zur einfallenden Lichtintensität (Lichtleistung/Fläche) ist. Die wesentlichen Kenngrößen der Fotodiode (C_1, R_1, und Empfindlichkeit) können den Hersteller-Datenbüchern entnommen und ohne weiteres in die Gleichungen aus Kapitel 20 eingesetzt werden. Für Standardanwendungen reicht die Schaltung nach Abb. 20.1 völlig aus. Die **Messungen (Oszillogramme)**, die am Ende dieses Kapitels dargestellt sind, wurden an einem **I/U-Wandler mit Fotodiode** vorgenommen.
Bei sehr *schwachen Lichtsignalen* muß die Verstärkung, d. h. R_R, sehr groß sein, was zu einer Verringerung der Bandbreite führt. Um dem entgegenzuwirken, ist es ratsam, C_R und C_1 möglichst klein und f_T möglichst groß zu wählen. Eine große Transitfrequenz ($f_T > 10MHz$) ist nur durch unkompensierte OPV zu erreichen. Da die Rückkopplung durch R_R schwach ist, sind Eigenschwingungen der Schaltung nicht zu befürchten. Ein Artikel zum Thema *Fotodioden-Schaltungen optimal dimensionieren* mit einem praxisrelevanten Dimensionierungsbeispiel findet sich in [Wes]. Im nächsten Abschnitt wird gezeigt, wie die Bandbreite für extreme Anforderungen nachträglich noch erhöht werden kann.

[7] Dieser Wert ist abhängig vom Diodentyp (Si, Ge, GaAs) und der Wellenlänge des Lichts.

20.1.1 Diskrete FET-Eingangsstufe

Um die Bandbreite zu erhöhen und/oder das Eingangsrauschen des Verstärkers zu verringern, kann der Schaltung eine diskrete Differenz-Verstärkerstufe mit zwei Feldeffekt-Transistoren (FET) hinzugefügt werden [Com]. Abb. 20.3 zeigt das Schaltbild. Da der Eingang jedes OPVs aus einer ganz ähnlichen – nur monolitisch integrierten – Verstärkerstufe besteht, stellt man durch die zusätzliche Verstärkerstufe quasi einen neuen OPV mit höherem V_0 und daher auch höherer Transitfrequenz her.
Alles bisher über die Schaltung Gesagte hat jedoch Bestand! Denn signaltechnisch wird die Erweiterung voll berücksichtigt, wenn man Leerlauf-Verstärkung V_0 und Transitfrequenz f_T des OPVs mit dem Spannungs-Verstärkungsfaktor der diskreten Verstärkerstufe multipliziert. Es wird also nur eine Modifikation der OPV-Übertragungsfunktion $V(\omega)$ vorgenommen. Der Verstärkungfaktor der FET-Stufe ergibt sich durch:

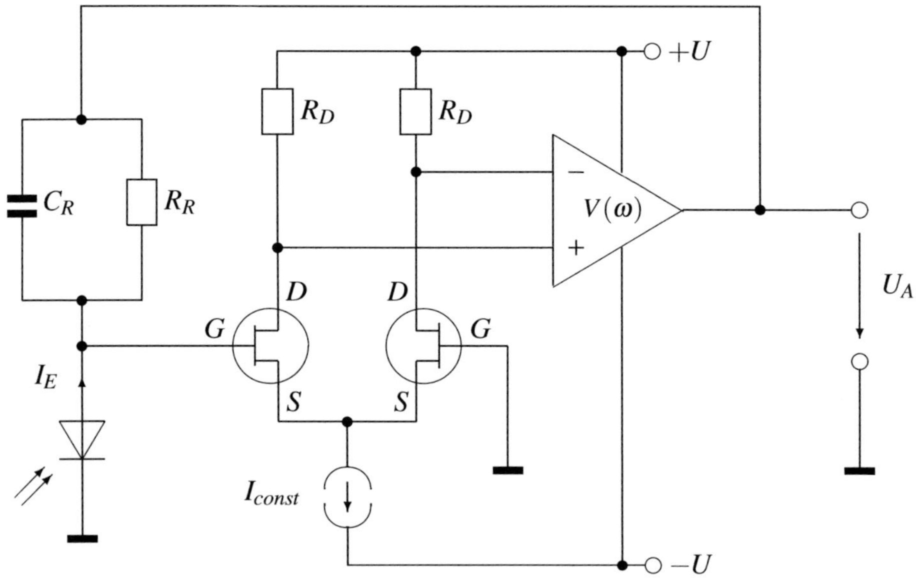

Abbildung 20.3: I/U-Wandler mit diskreter FET-Eingangsstufe

$$V_{FET} = -S(r_{DS} \,||\, R_D) \tag{20.9}$$

Dabei ist S die Steilheit und r_{DS} der differentielle Ausgangswiderstand der FETs. Das Eingangsrauschen wird verringert, weil diskrete Bauelemente in dieser Beziehung besser optimiert werden können als es bei integrierten Chips möglich ist.
Speziell bei sehr hohen Verstärkungen spielt das *Eigenrauschen* des I/U-Wandlers eine gravierende Rolle; es wird im nächsten Abschnitt untersucht.

20.1.2 Rauschanalyse

Die Schaltung in Abb. 20.3 enthält fünf Rauschquellen:
1. Fotodiode (R_1)
2. Rückkopplungswiderstand R_R
3. Drain-Widerstände R_D
4. FET-Eingangsrauschen
5. OPV-Eingangsrauschen

Das Spannungsrauschen am Ausgang der Schaltung von den ersten beiden Rauschquellen kann leicht berechnet werden.

1. Fotodiode (FD):

$$U_r(FD) = NEP \cdot Sensitivity[A/W] \cdot R_R \cdot \sqrt{\Delta f} \tag{20.10}$$

Δf ist die Frequenzbandbreite, die von der Schaltung übertragen wird. Der NEP-Wert (Noise Equivalent Power) besagt, daß bei einer Signalleistung gleicher Größe das Signal/Rausch-Verhältnis 1 ist. Der NEP-Wert hängt mit R_1 folgendermaßen zusammen:

$$NEP = \sqrt{\frac{4kT}{R_1}} \cdot \frac{1}{Sensitivity[A/W]}$$

Da R_1 mit sinkender Temperatur exponentiell zunimmt[8], kann das Rauschen der FD durch Kühlen drastisch gesenkt werden. Auf das Signal-Übertragungsverhalten hat dies praktisch keine Auswirkungen.

[8] Dies ist eine Eigenschaft von Halbleitern.

2. Rückkopplungswiderstand R_R:

$$U_r(R_R) = \sqrt{4kTR_R\Delta f} \tag{20.11}$$

Das Spannungsrauschen von R_R liegt direkt am Ausgang an. Das Ausgangsrauschen der drei übrigen Quellen zu berechnen, ist schwierig und mit großen Unsicherheiten behaftet. Bei den aktiven Bauelementen spielt die Temperatur wieder eine entscheidende Rolle. Kühlt man auch den Verstärker, so wird das Rauschen durch R_R dominant sein. Das Gesamtrauschen von unkorrellierten Rauschquellen ist zu berechnen durch:

$$U_r(gesamt) = \sqrt{U_r(1)^2 + U_r(2)^2 + \cdots} \tag{20.12}$$

Signal/Rausch-Verhältnis (S/R)
Die Signal-Ausgangsspannung ist proportional zu R_R, während die Rauschspannung von R_R proportional zu $\sqrt{R_R}$ ist. Wenn das Rauschen von R_R dominant ist, gilt für das S/R-Verhältnis somit:

$$S/R \sim \sqrt{R_R}$$

R_R ist also so groß wie möglich zu wählen, wodurch auf der anderen Seite eine Einschränkung der Bandbreite in Kauf genommen wird.
Möchte man beispielsweise einen Fluoreszenzpuls der Länge $\tau = 100\,\mu s$ verstärken, so muß die Bandbreite mindestens 1/5 des Kehrwertes der Pulslänge – also $2000\,Hz$ – betragen, wenn der Ausgangs-Spannungspuls seine Maximalhöhe behalten soll.

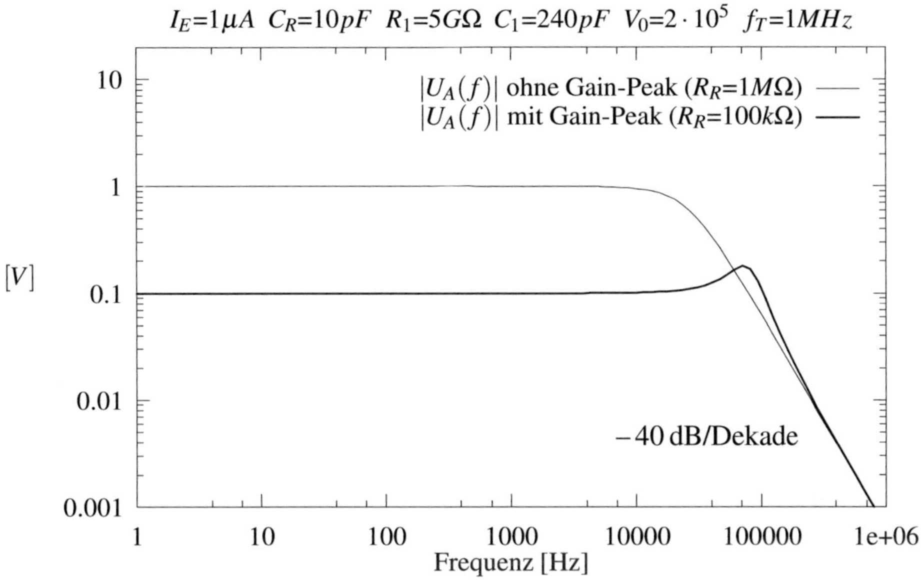

Abbildung 20.4: I/U-Wandler (Amplitudengang)

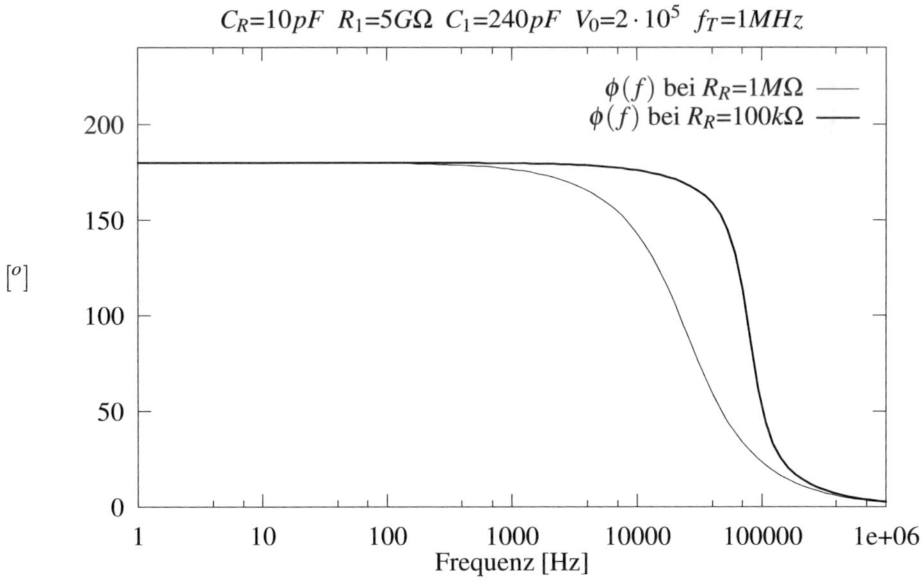

Abbildung 20.5: I/U-Wandler (Phasengang)

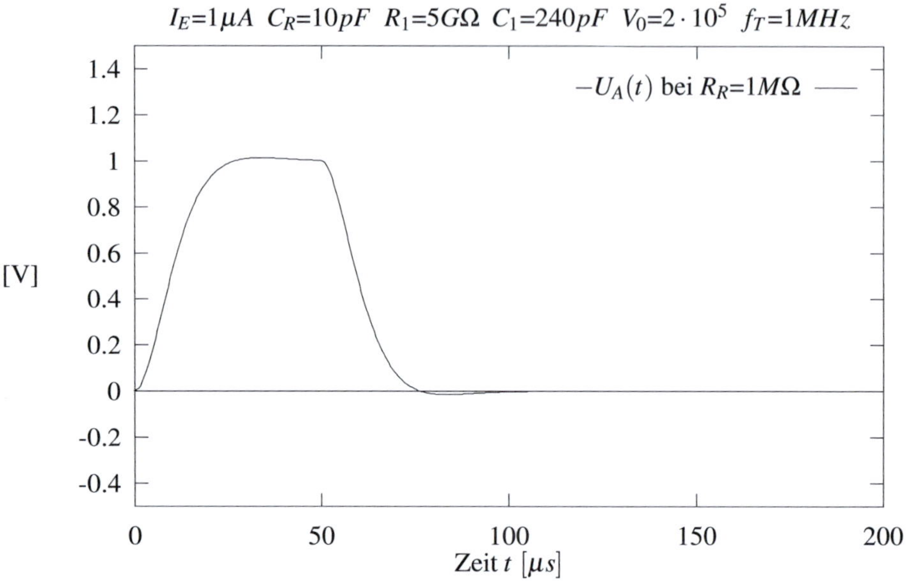

Abbildung 20.6: I/U-Wandler (Pulsantwort ohne Gain-Peak)

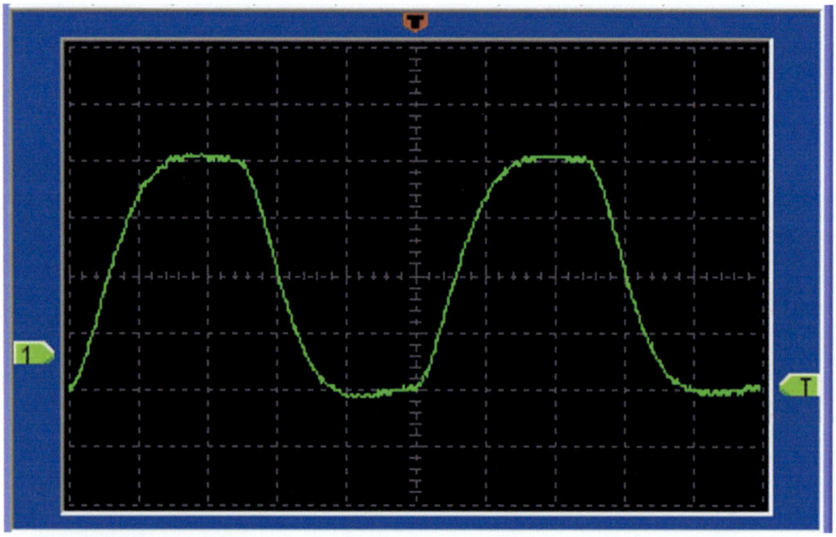

Abbildung 20.7: I/U-Wandler (Pulsantwort o. GP, gemessen)

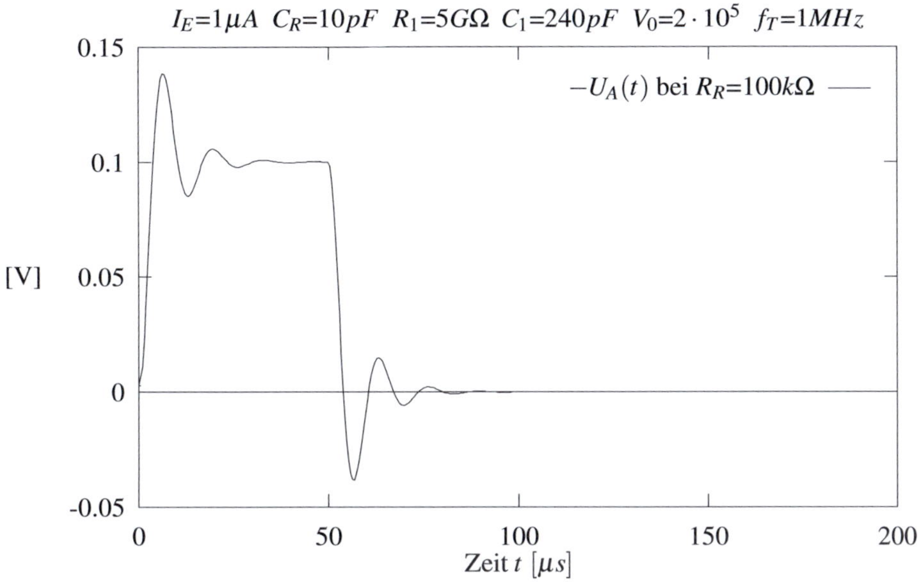

Abbildung 20.8: I/U-Wandler (Pulsantwort mit Gain-Peak)

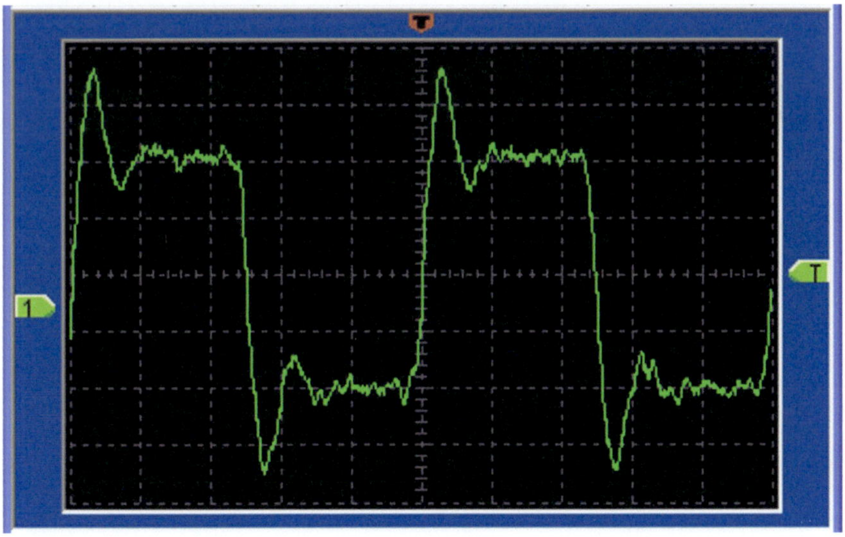

Abbildung 20.9: I/U-Wandler (Pulsantwort m. GP, gemessen)

21 PID-Regler

Elektronische Regelschaltungen werden verwendet, um eine *Regelgröße* (beispielsweise der Abstand zweier Spiegel in einem Lasersystem) auf einem bestimmten *Sollwert* zu halten. Durch *Störeinflüsse* (z. B. Temperaturschwankungen, Erschütterungen) entstehen ständig kleine Abweichungen zwischen Regelgröße und Sollwert. Die akute Abweichung wird als Spannungsdifferenz dem Regler zugeführt, der dann die Regelgröße dahingehend beeinflußt, daß die Abweichung vom Sollwert verringert wird. Es soll hier

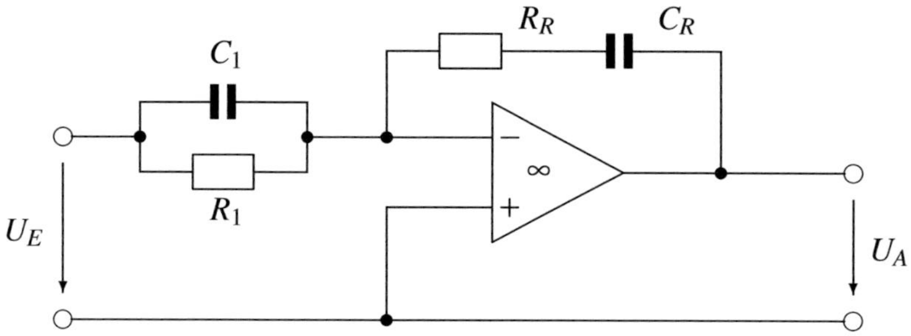

Abbildung 21.1: PID-Regler

nicht näher auf das sehr umfangreiche Gebiet der Regelungstechnik (Literatur: [Roh, Dör, Leo]) eingegangen, sondern nur das Übertragungsverhalten des PID-Reglers nach Abb. 21.1 analysiert werden.

Übertragungsfunktion
Wir können wieder auf die Übertragungsfunktion der invertierenden Grundschaltung aus Kapitel 14 zurückgreifen:

$$\text{idealer OPV:} \quad V(\omega) = \infty \quad \Rightarrow \quad \frac{U_A}{U_E} = G(\omega) = -\frac{Z_R}{Z_1}$$

Dabei ist folgendes einzusetzen:

$$Z_1 = R_1 \| C_1 = \frac{R_1}{1 + j\omega R_1 C_1}\,, \qquad Z_R = R_R + \frac{1}{j\omega C_R}$$

Nach dem Einsetzen von Z_1 und Z_R lautet $G(\omega)$:

$$\frac{U_A}{U_E} = G(\omega) = -\left[\left(\frac{R_R}{R_1} + \frac{C_1}{C_R}\right) + j\left(\omega R_R C_1 - \frac{1}{\omega R_1 C_R}\right)\right] \tag{21.1}$$

Im Proportionalbereich (P) ist die Verstärkung näherungsweise frequenzunabhängig, abgesehen von der Invertierung ist sie dort:

$$G_P = \left(\frac{R_R}{R_1} + \frac{C_1}{C_R}\right) \qquad \textit{Proportionalverstärkung}$$

Resonanzfrequenz (Mittenfrequenz im Proportionalbereich)

$$G(\omega_P) = -G_P = reell \quad \Rightarrow \quad \omega_P R_R C_1 - \frac{1}{\omega_P R_1 C_R} = 0$$

$$\Rightarrow \quad f_P = \frac{\omega_P}{2\pi} = \frac{1}{2\pi\sqrt{R_1 C_1 R_R C_R}} \tag{21.2}$$

Amplitudengang

$$\frac{|U_A|}{|U_E|} = |G(\omega)| = G_P \cdot \sqrt{1 + \left(\frac{\omega R_R C_1}{G_P} - \frac{1}{\omega R_1 C_R G_P}\right)^2} \tag{21.3}$$

Phasengang

$$\phi(\omega) = \frac{180^o}{\pi} \cdot arctan\left(\frac{\omega R_R C_1}{G_P} - \frac{1}{\omega R_1 C_R G_P}\right) + 180^o \tag{21.4}$$

Die Invertierung des Eingangssignals wird durch die Addition von 180° bei allen Frequenzen berücksichtigt.

Eckfrequenzen
Der Proportionalbereich (siehe Abb. 21.2) wird von zwei Eckfrequenzen eingeschlossen, bei denen die Verstärkung $+3\,dB$ über G_P liegt:

$$|G(\omega)| \approx G_P \cdot \sqrt{2}$$

1. Untere Eckfrequenz (Integ. → Proport.):

$$\sqrt{1+\left(-\frac{1}{\omega_{IP} R_1 C_R G_P}\right)^2} = \sqrt{2} \quad \Rightarrow \quad \boxed{f_{IP} = \frac{\omega_{IP}}{2\pi} = \frac{1}{2\pi R_1 C_R G_P}} \tag{21.5}$$

2. Obere Eckfrequenz (Proport. → Diff.):

$$\sqrt{1+\left(\frac{\omega_{PD} R_R C_1}{G_P}\right)^2} = \sqrt{2} \quad \Rightarrow \quad \boxed{f_{PD} = \frac{\omega_{PD}}{2\pi} = \frac{G_P}{2\pi R_R C_1}} \tag{21.6}$$

f_{PD} sollte etwa 10 mal so groß sein wie f_{IP}.

Übertragungsfunktion bei realem OPV
Setzt man die Übertragungsfunktion der invertierenden Grundschaltung mit der realen OPV-Übertragungsfunktion an, lautet $G(\omega)$:

$$G(\omega) = -\frac{1}{\frac{1}{V(\omega)} + \frac{Z_1}{Z_R}\left(1 + \frac{1}{V(\omega)}\right)} \qquad \text{mit:} \quad V(\omega) = \frac{V_0}{1 + j\omega \frac{V_0}{\omega_T}}$$

$$\Rightarrow \quad G(\omega) = -\frac{1}{\frac{1}{V_0} + j\frac{\omega}{\omega_T} + \frac{R_1\left(1+j\frac{\omega}{\omega_T}\right)}{(1+j\omega R_1 C_1)\left(R_R+\frac{1}{j\omega C_R}\right)}}$$

Mit einem Plotprogramm, das auch komplexe Zahlen verarbeitet, kann damit ohne weitere Umrechnungen ein realistischerer Amplitudengang dargestellt werden. Wie man an Abb. 21.2 erkennt, weicht die reale Übertragung von der idealisierten bei hohen Frequenzen extrem ab. Beim PID-Regler genügt es jedoch, darauf zu achten, daß der *Proportionalbereich* noch nicht vom Tiefpaß-Verhalten des OPVs beeinflußt wird und ein (relatives) Verstärkungsminimum darstellt.

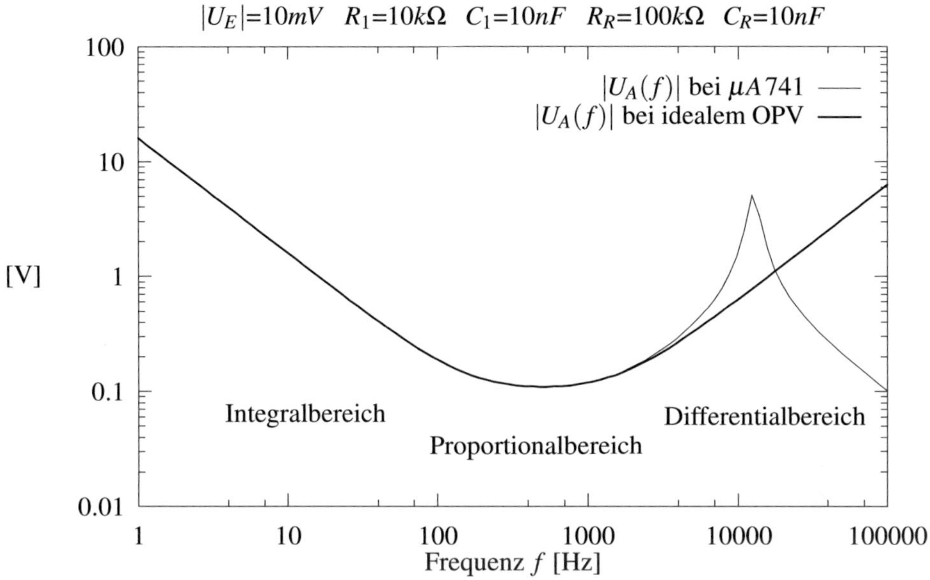

Abbildung 21.2: PID-Regler (Amplitudengang)

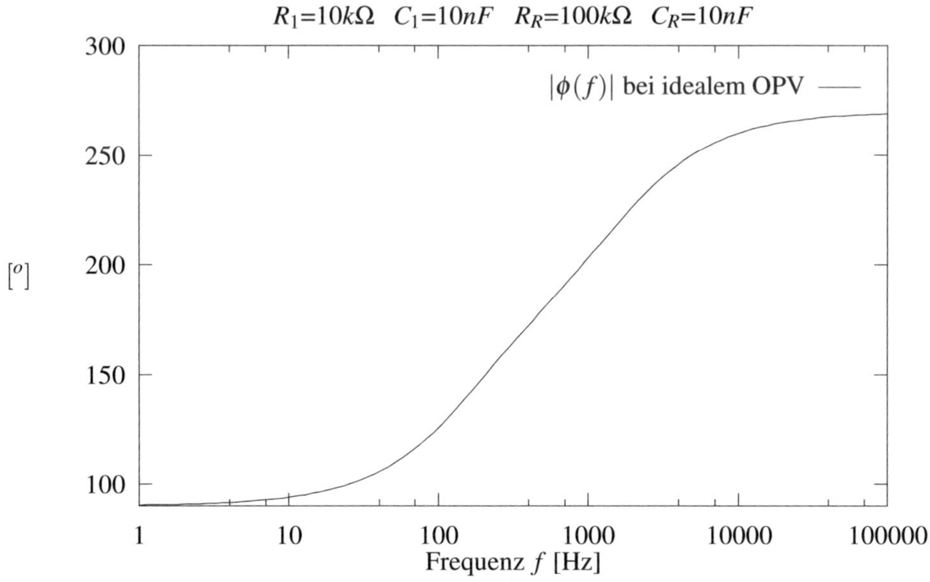

Abbildung 21.3: PID-Regler (Phasengang)

22 Integrator und Differentiator

22.1 Integrator

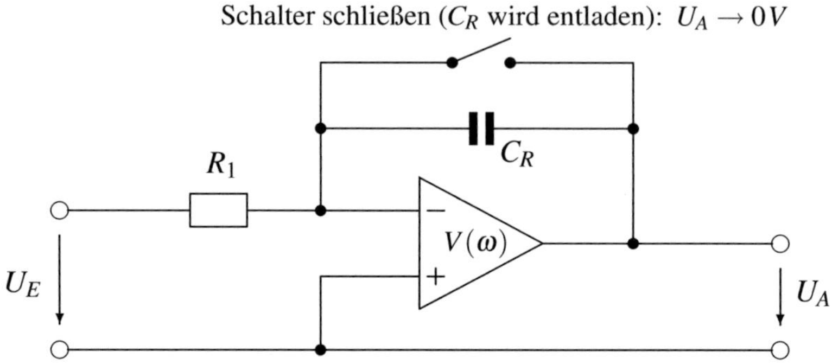

Abbildung 22.1: Integrator

Übertragungsfunktion
Wir gehen von der Übertragungsfunktion der invertierenden Grundschaltung (Kapitel 14) aus:

$$G(\omega) = -\frac{1}{\frac{1}{V(\omega)} + \frac{Z_1}{Z_R}\left(1 + \frac{1}{V(\omega)}\right)} \qquad \text{mit:} \quad V(\omega) = \frac{V_0}{1 + j\omega\frac{V_0}{\omega_T}} \tag{22.1}$$

In $G(\omega)$ ist neben $V(\omega)$ folgendes einzusetzen:

$$Z_1 = R_1\ , \qquad Z_R = \frac{1}{j\omega C_R}$$

$$\boxed{\frac{U_A}{U_E} = G(\omega) = -\frac{1}{\frac{1}{V_0} - \omega^2\frac{R_1 C_R}{\omega_T} + j\omega\left(R_1 C_R + \frac{1}{\omega_T}\right)}} \tag{22.2}$$

Bei einem idealen OPV vereinfacht sich $G(\omega)$ zu:

$$V_0 = \infty\ , \quad \omega_T = \infty \qquad \Rightarrow \qquad G(\omega) = -\frac{1}{j\omega R_1 C_R}$$

Amplitudengang

$$\frac{|U_A|}{|U_E|} = |G(\omega)| = \frac{1}{\sqrt{\left(\frac{1}{V_0} - \omega^2 \frac{R_1 C_R}{\omega_T}\right)^2 + \omega^2 \left(R_1 C_R + \frac{1}{\omega_T}\right)^2}} \qquad (22.3)$$

Phasengang

$$\phi(\omega) = -\frac{180^o}{\pi} \cdot arctan\left(\frac{\omega\left(R_1 C_R + \frac{1}{\omega_T}\right)}{\frac{1}{V_0} - \omega^2 \frac{R_1 C_R}{\omega_T}}\right) + 180^o - 180^o\,\sigma(\omega - \omega_{PS}) \qquad (22.4)$$

Die Invertierung des Eingangssignals wird durch die Addition von 180° bei allen Frequenzen berücksichtigt. Die Polstelle des *arctan*-Arguments wird durch den Phasensprung bei $\omega_{PS} = \sqrt{\frac{\omega_T}{R_1 C_R V0}}$ kompensiert.

Pulsantwort (bei idealem OPV)
Aus der Übertragungsfunktion $G(\omega)$ ergibt sich mit $s = j\omega$:

$$G(s) = -\frac{1}{sR_1 C_R}$$

Die Laplace-transformierte Ausgangsspannung lautet:

$$U_A(s) = U_E(s) \cdot G(s) = -|U_E|\,\frac{1}{R_1 C_R}\,\frac{1 - e^{-\tau s}}{s^2}$$

Benötigte Korrespondenz: $\frac{1}{s^2}$ •——○ t

Die Rücktransformation von $U_A(s)$ liefert also folgende Pulsantwort:

$$U_A(t) = -|U_E|\,\frac{1}{R_1 C_R}\left[t - \sigma(t-\tau) \cdot (t-\tau)\right] \qquad (22.5)$$

$U_A(t)$ beschreibt eine Spannung, die bis $t = \tau$ linear abfällt und danach auf dem konstanten Wert $-|U_E|\frac{\tau}{R_1 C_R}$ bleibt.
Liegt eine beliebige andere Eingangsspannung $U_E(t)$ vor und läßt sich davon die Laplace-Transformierte $U_E(s)$ bilden, dann berechnet sich die Ausgangsspannung folgendermaßen:

$$U_A(t) = -\frac{1}{R_1 C_R}\,\mathscr{L}^{-1}\left\{U_E(s)\cdot\frac{1}{s}\right\} = -\frac{1}{R_1 C_R}\int_0^t U_E(t')\cdot dt'$$

Das Symbol $\mathscr{L}^{-1}$ steht für die inverse Laplace-Transformation. Hier zeigt sich direkt, daß die Division durch s einer Integration im Zeitbereich entspricht.
Bei langen Integrationszeiten sollte ein OPV mit einer Eingangsstufe aus Feldeffekt-Transistoren (FET) verwendet werden, da bei anderen OPV-Typen die Eingangsströme deutlich größer sind, wodurch C_R während der Integration signifikant entladen werden kann. Um die Ausgangsspannung auf Null zu setzen, ist C_R kurzzuschließen. Wenn zu C_R ein ohmscher Widerstand parallel geschaltet wird, entsteht eine dauerhafte (beabsichtigte) Entladung von C_R, und aus dem Integrator wird ein Tiefpaß 1. Ordnung.

Fazit: Um dem idealen Übertragungsverhalten möglichst nahe zu kommen, sollte die Integrationskonstante $R_1 C_R \gg \frac{1}{\omega_T}$ sein. Darüber hinaus ist ein OPV mit hohem Eingangswiderstand zu empfehlen, damit auch niederfrequente Eingangssignale korrekt integriert werden. Der Typ $\mu A\,741$ (siehe Abb. 22.3) ist zur Integration wenig geeignet.

22.2 Differentiator

Übertragungsfunktion

In die allgemeine Übertragungsfunktion der invertierenden Grundschaltung nach Gl. (22.1) ist neben $V(\omega)$ nun folgendes einzusetzen:

$$Z_1 = \frac{1}{j\omega C_1}\,, \qquad Z_R = R_R$$

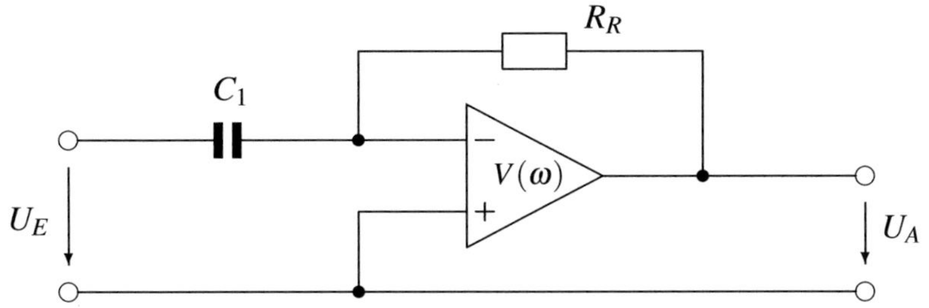

Abbildung 22.2: Differentiator

$$\frac{U_A}{U_E} = G(\omega) = -\frac{1}{\frac{1}{V_0} + \frac{1}{R_R C_1 \omega_T} + j\left(\frac{\omega}{\omega_T} - \frac{1}{\omega R_R C_1}\right)} \tag{22.6}$$

Bei einem idealen OPV vereinfacht sich $G(\omega)$ zu:

$$V_0 = \infty\,, \quad \omega_T = \infty \quad \Rightarrow \quad G(\omega) = -j\omega R_R C_1$$

Amplitudengang

$$\frac{|U_A|}{|U_E|} = |G(\omega)| = \frac{1}{\sqrt{\left(\frac{1}{V_0} + \frac{1}{R_R C_1 \omega_T}\right)^2 + \left(\frac{\omega}{\omega_T} - \frac{1}{\omega R_R C_1}\right)^2}} \tag{22.7}$$

Phasengang

$$\phi(\omega) = -\frac{180^o}{\pi} \cdot arctan\left(\frac{\frac{\omega}{\omega_T} - \frac{1}{\omega R_R C_1}}{\frac{1}{V_0} + \frac{1}{R_R C_1 \omega_T}}\right) + 180^o \tag{22.8}$$

Die Invertierung des Eingangssignals wird durch die Addition von 180° bei allen Frequenzen berücksichtigt.

Pulsantwort (bei idealem OPV)
Aus der Übertragungsfunktion $G(\omega)$ ergibt sich mit $s = j\omega$:

$$G(s) = -sR_R C_1$$

Die Laplace-transformierte Ausgangsspannung lautet:

$$U_A(s) = U_E(s) \cdot G(s) = -|U_E|\, R_R C_1 \, \left(1 - e^{-\tau s}\right)$$

$$\text{Benötigte Korrespondenz:} \qquad 1 \bullet\!\!-\!\!\!-\!\!\circ\; \delta(t)$$

$\delta(t)$ ist eine mathematische Funktion, die einen unendlich kurzen und unendlich hohen Puls (Delta-Peak)[9] beschreibt. Sie erfüllt folgende Integralgleichung:

$$\int_{-\infty}^{\infty} \delta(t) \cdot dt = 1$$

Daher muß der δ-Funktion die Einheit $\left[s^{-1}\right]$ zugeschrieben werden. Die Rücktransformation von $U_A(s)$ liefert folgende Pulsantwort:

$$\boxed{U_A(t) = -|U_E|\, R_R C_1 \, [\delta(t) \; - \; \delta(t-\tau)]} \qquad (22.9)$$

Die Pulsantwort besteht also theoretisch aus einem negativen Delta-Peak zum Zeitpunkt $t = 0$ und einem positiven Delta-Peak bei $t = \tau$. Die realen Peaks sind natürlich durch die maximale Ausgangsspannung des OPVs in der Höhe begrenzt. Auch können sie nicht unendlich kurz sein, da die Anstiegsgeschwindigkeit von $U_A(t)$ begrenzt ist.

Liegt eine beliebige andere Eingangsspannung $U_E(t)$ vor und läßt sich davon die Laplace-Transformierte $U_E(s)$ bilden, dann berechnet sich die Ausgangsspannung folgendermaßen:

$$U_A(t) = -R_R C_1 \, \mathscr{L}^{-1}\left\{U_E(s) \cdot s\right\} = -R_R C_1 \, \frac{d\,U_E(t)}{dt}$$

Hier zeigt sich, daß die Multiplikation mit s einer Differentiation im Zeitbereich entspricht.

Fazit: Abweichungen von der idealen Differentiation gibt es nur bei hohen Frequenzen. Ab etwa $\frac{\omega_T}{10}$ setzt das Kleinsignal-Tiefpaß-Verhalten des OPVs ein (siehe Abb. 22.5), was jedoch wegen der Dämpfung hochfrequenten Rauschens durchaus erwünscht ist. Es kann allerdings auch eine Amplitudenüberhöhung wenig unterhalb der Transitfrequenz auftreten, dann ist zu R_R ein Kondensator mit einigen pF parallel zu schalten.

---

[9] Man bezeichnet diese Funktion auch als 'δ-Distribution'.

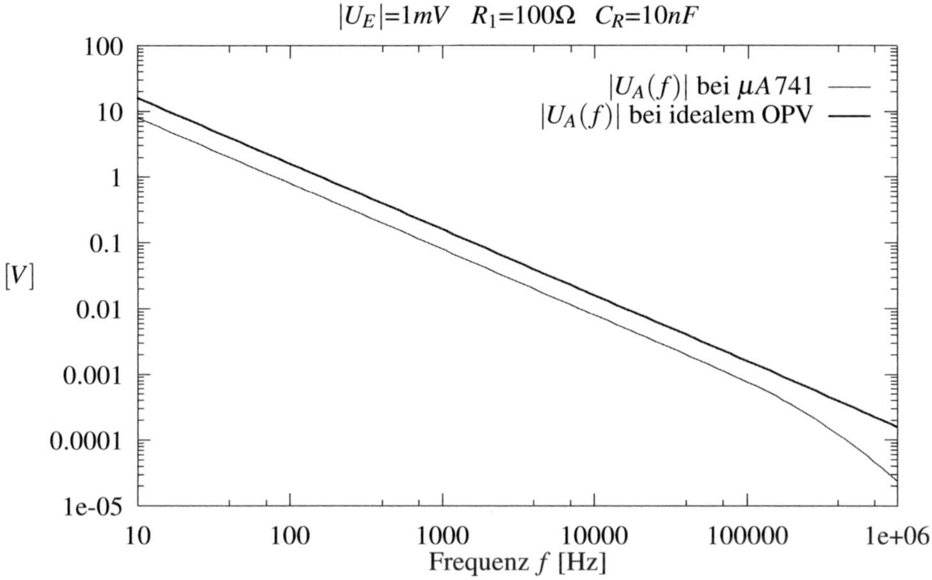

Abbildung 22.3: Integrator (Amplitudengang)

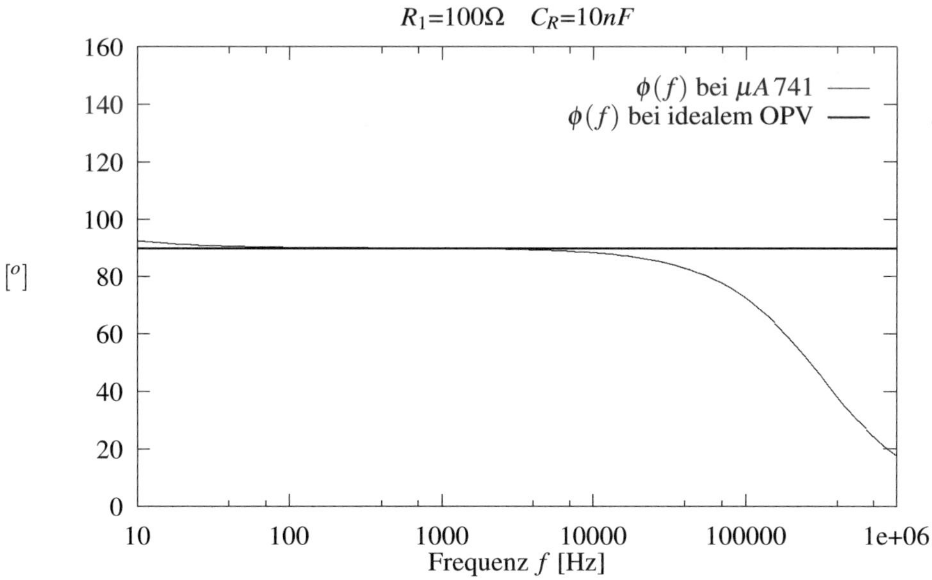

Abbildung 22.4: Integrator (Phasengang)

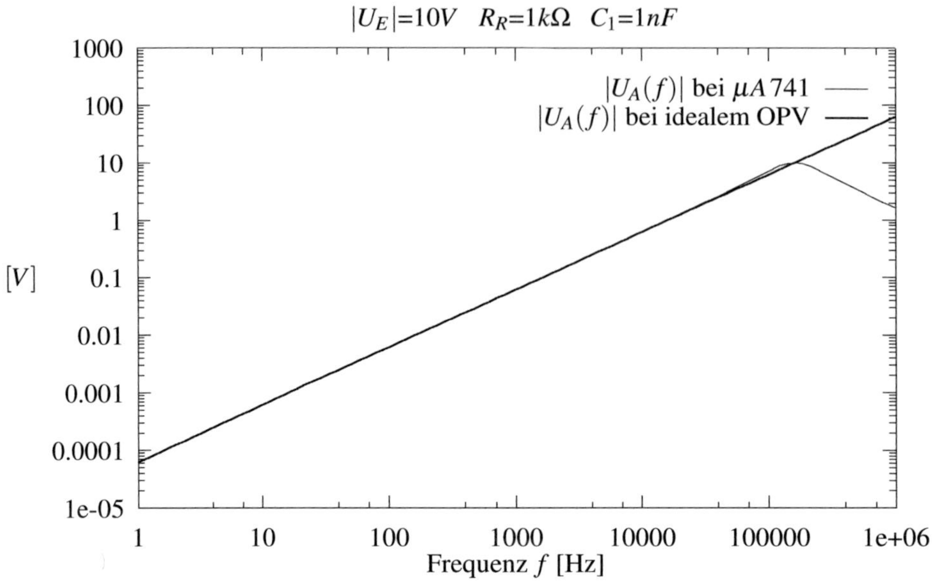

Abbildung 22.5: Differentiator (Amplitudengang)

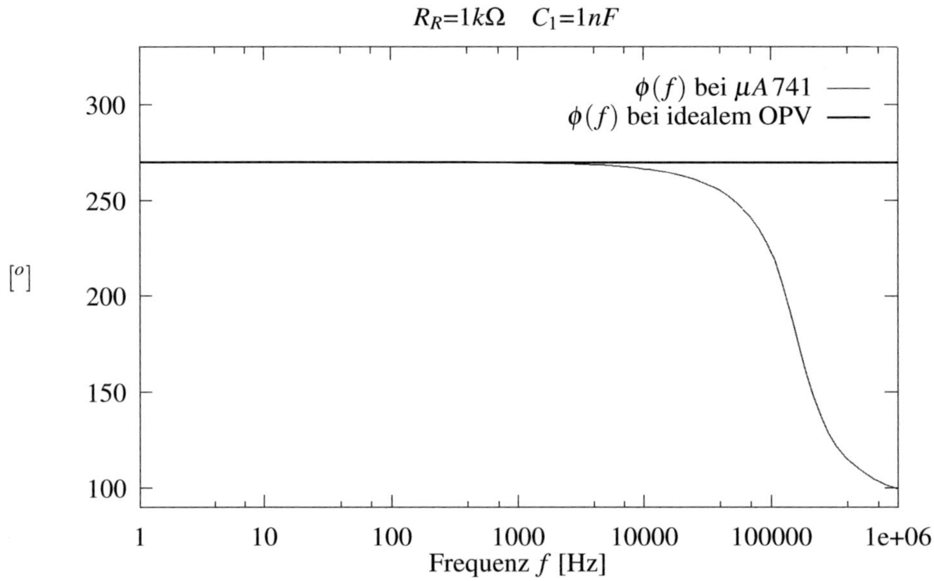

Abbildung 22.6: Differentiator (Phasengang)

23 Dioden- und Transistorschaltungen

Bei den linearen Bauelementen (Ohmscher Widerstand, Kondensator, Spule, OPV) gehen wir davon aus, daß ihr (komplexer) Widerstand unabhängig von den anliegenden Spannungen und fließenden Strömen ist. Solange Temperatureffekte vernachlässigbar sind und die genannten Bauelemente strom- und spannungsmäßig nicht überlastet werden, ist diese Annahme voll gerechtfertigt. Nur aufgrund dieser Voraussetzung ist es möglich, allgemeingültige, lineare Übertragungsfunktionen ($G(\omega)$) aufzustellen, die als Variable ausschließlich die Frequenz ω besitzen.
Dioden und Transistoren (sowie alle übrigen Halbleiter) sind hochgradig *nichtlineare* Bauelemente, d. h. ihr Übertragungsverhalten (also ihr Widerstand) ist extrem abhängig von den angelegten Spannungen bzw. den eingeprägten Strömen.
Befindet sich nun ein nichtlineares Bauelement in einem ansonsten linearen Netzwerk, so kann man versuchen, eine *lineare Näherung* für das Bauelement zu finden. Hierzu ist das betreffende Bauelement durch eine *Ersatzschaltung*, die nur aus linearen Bauteilen besteht, zu simulieren. Wenn dies gelingt, können nach dem üblichen Verfahren lineare Knoten- und Maschengleichungen aufgestellt werden. Eine Übertragungsfunktion der Form $\frac{U_A}{U_E}=G(\omega)$ kann daraus in der Regel nicht mehr abgeleitet werden, da Ersatzschaltungen meist Strom- oder Spannungsquellen (U_i, I_i) enthalten. Das Ergebnis wird dann von der Form $U_A=f(\omega, U_E, U_i, I_i)$ sein, wobei der Zusammenhang zwischen U_A und U_E aber weiterhin linear ist.
Das Problem liegt nun darin, daß die Ersatzschaltung für das nichtlineare Bauelement von dessen *Arbeitspunkt* abhängt. Der Arbeitspunkt ergibt sich aus der stationären Strom- und Spannungsverteilung im Netzwerk. Eine geschlossene, allgemeingültige Analyse ist nicht mehr möglich; für jeden Arbeitspunkt muß die Analyse separat durchgeführt werden. Professionelle Programme zur Netzwerkanalyse greifen zu diesem Zweck auf Tabellen zurück, in denen die Eigenschaften der nichtlinearen Bauelemente für eine große Anzahl von Arbeitspunkten numerisch gespeichert sind.
Bei sehr einfachen Modellen zerlegt man die Nichtlinearität in wenige nä-

herungsweise lineare Bereiche und führt bei der Netzwerkanalyse entsprechende Fallunterscheidungen durch. An einigen einfachen Beispielen soll dies erläutert werden.

Gleichrichterdiode

Für eine gewöhnliche Gleichrichterdiode kann stark vereinfachend folgende Strom-Spannungs-Kennlinie[10] angesetzt werden:

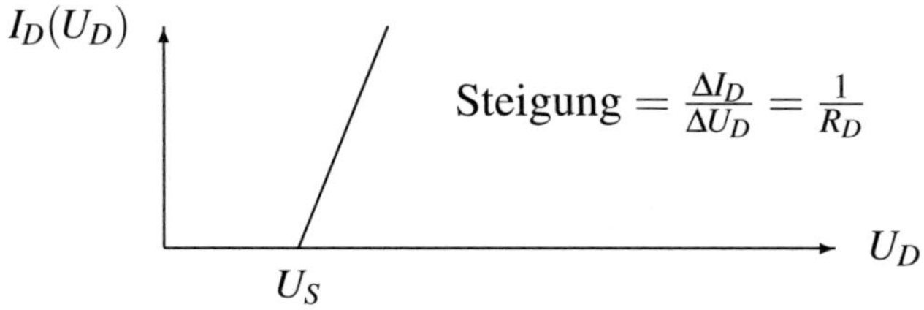

Abbildung 23.1: Idealisierte Diodenkennlinie

Unterhalb der Schleusenspannung U_S sperrt die Diode, dort sei ihr Widerstand R_D unendlich groß. Oberhalb von U_S sei der Widerstand konstant und betrage $R_D = 5\,\Omega$. Daraus folgt folgende Ersatzschaltung für die Diode:

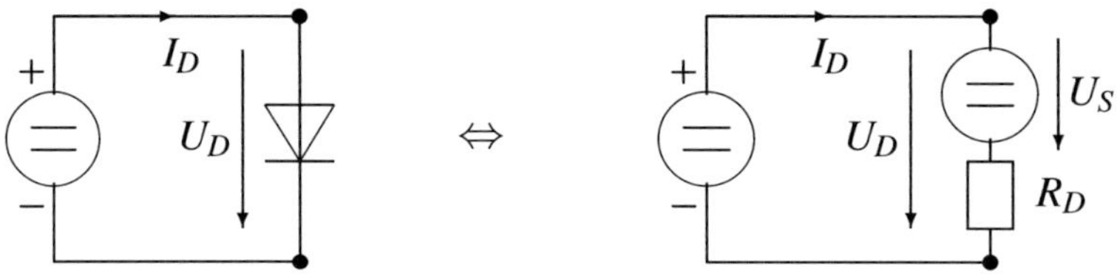

Abbildung 23.2: Ersatzschaltung der idealisierten Diode

Bei Silizium-Dioden beträgt U_S etwa 0,7 V und bei Germanium-Dioden sind es etwa 0,3 V.

Da die Kennlinie in zwei verschiedene, lineare Bereiche eingeteilt wurde, ist stets folgende Fallunterscheidung durchzuführen:

$$\text{Fall 1:} \quad U_D < U_S \quad \Rightarrow \quad R_D = \infty \quad \Rightarrow \quad I_D = 0$$

$$\text{Fall 2:} \quad U_D \geq U_S \quad \Rightarrow \quad R_D = 5\,\Omega \quad \Rightarrow \quad I_D = \frac{U_D - U_S}{R_D}$$

[10] Die reale Kennlinie wird durch eine Exponentialfunktion beschrieben.

Fotodiode

Fotodioden werden in Sperrichtung betrieben, d. h. der Fotostrom ist ein durch Licht verursachter Sperrstrom. Der Fotostrom kann mit dem Strom/Spannungs-Wandler aus Kapitel 20 weiterverarbeitet werden.

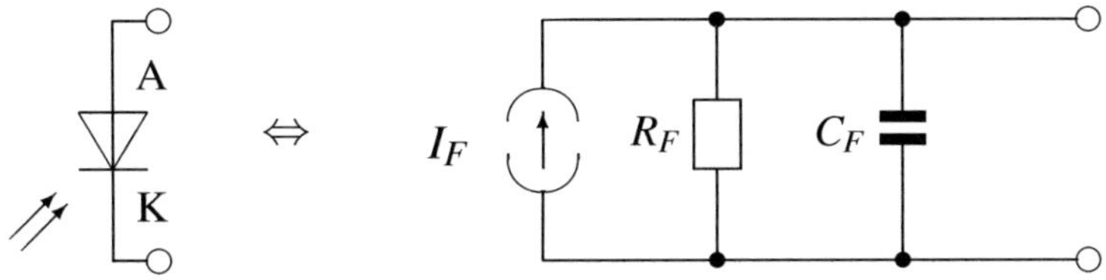

Abbildung 23.3: Ersatzschaltung einer Fotodiode

Solange an die Fotodiode keine äußere Spannung angelegt wird, die sie in Durchlaßrichtung polt, ist das Ersatzschaltbild (im Rahmen der Spannungsfestigkeit) uneingeschränkt verwendbar, da der Sperrstrom linear mit der Lichtintensität steigt. Oft werden Fotodioden in Sperrichtung vorgespannt, da sie dann schneller auf Schwankungen der Lichtintensität reagieren. Dieser Effekt beruht darauf, daß die Parallelkapazität C_F bei Anlegen einer Sperrspannung (von einigen Volt) kleiner wird. Es liegt also eine Nichtlinearität bezüglich C_F vor, die aber irrelevant ist, wenn die Sperrspannung konstant gehalten wird. (Schwankungen der Lichtintensität beeinflussen C_F kaum.)

Andere Dioden

Bei vielen Diodentypen (z. B. Tunneldioden, Varaktordioden, Gunndioden) spielen die hochfrequenten, dynamischen Eigenschaften eine bedeutende Rolle. Die entsprechenden Ersatzschaltbilder [Mös] beinhalten daher immer Kapazitäten, welche durch die Halbleiterübergänge verursacht werden; teilweise enthalten die Ersatzschaltungen auch Induktivitäten, um die realen Eigenschaften optimal zu simulieren.

Transistorschaltungen

Hier gibt es eine Vielzahl von verschiedenen Ersatzschaltungen [Mös, Els, Tie], die insbesondere vom Transistortyp, der äußeren Beschaltung und dem verwendeten Frequenzbereich abhängen. Als Beispiel soll hier nur ein NPN-Transistor in *Emitterschaltung* (im Kleinsignalbetrieb) aufgeführt werden:

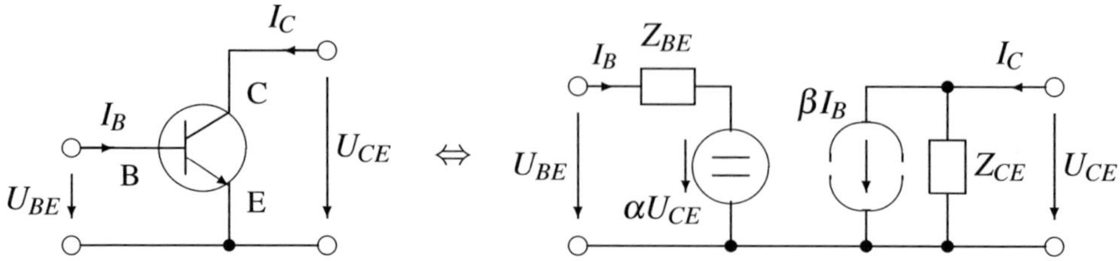

Abbildung 23.4: NPN-Transistor mit Ersatzschaltung

Alle Größen in Abb. 23.4 sind als komplex anzunehmen, wenn das Ersatzschaltbild auch für Wechselspannungen gelten soll. Der Stromverstärkungsfaktor β kann näherungsweise als konstant angesehen werden; die übrigen Größen sind dem Kennlinienfeld des Transistors zu entnehmen, sie ergeben sich aus dem gewählten Arbeitspunkt.

Fazit: Es ist weitaus aufwendiger, Dioden oder Transistoren bei einer Netzwerkanalyse zu erfassen, als dies bei Operationsverstärkern der Fall ist. Dementsprechend sind OPV-Schaltungen auch einfacher zu dimensionieren. Wenn die nichtlinearen Eigenschaften von Dioden oder Transistoren nicht explizit ausgenutzt werden sollen (z. B. zur Gleichrichtung von Wechselspannungen), ist der Schaltungsrealisierung mit Operationsverstärkern aus den genannten Gründen nach Möglichkeit der Vorzug zu geben.

24 Anhang

24.1 Nützliche mathematische Gleichungen

Berechnungen mit komplexen Zahlen

$$\text{Notation der komplexen Zahl:} \quad Z = x + jy = |Z| \cdot e^{j\phi} \quad (x, y \text{ reell})$$

$$\text{dabei ist:} \quad |Z| = \sqrt{x^2 + y^2}\,, \quad \phi = arctan\left(\frac{y}{x}\right)$$

Wenn das Argument $\left(\frac{y}{x}\right)$ ungerade Polstellen besitzt, produziert die *arctan*-Funktion Phasensprünge um $\pm 180^o$ an den Polstellen. Existieren die Phasensprünge physikalisch nicht, müssen sie auch rechnerisch kompensiert werden. Beispiel:

$$x = \omega_x - \omega\,, \quad y = \omega_y \quad \Rightarrow \quad \phi(\omega) = arctan\left(\frac{y}{x}\right) + 180^o \cdot \sigma(\omega - \omega_x)$$

(Die *arctan*-Funktion liefere hier Ergebnisse in der Einheit $[^o]$.)

Addition, Subtraktion, Multiplikation, Division und Betragsbildung:

$$Z_1 + Z_2 = (x_1 + x_2) \; + \; j(y_1 + y_2)$$

$$Z_1 - Z_2 = (x_1 - x_2) \; + \; j(y_1 - y_2)$$

$$Z_1 \cdot Z_2 = |Z_1| \cdot |Z_2| \cdot e^{j(\phi_1 + \phi_2)}\,, \qquad |Z_1 \cdot Z_2| = |Z_1| \cdot |Z_2|$$

$$\frac{Z_1}{Z_2} = \frac{|Z_1|}{|Z_2|} \cdot e^{j(\phi_1 - \phi_2)}\,, \qquad \left|\frac{Z_1}{Z_2}\right| = \frac{|Z_1|}{|Z_2|}$$

Eulersche Formel

$$e^{j\phi} = cos(\phi) \; + \; j \cdot sin(\phi)$$

Symmetrien trigonometrischer Funktionen

$$sin(-x) = -sin(x)\ , \qquad cos(-x) = cos(x)$$

$$tan(-x) = -tan(x)\ , \qquad arctan(-x) = -arctan(x)$$

Arcustangens-Identität

$$arctan\left(\frac{2x}{1-x^2}\right) + 180^o \cdot \sigma(x-1) = 2 \cdot arctan(x)$$

Lösungsformel für quadratische Gleichungen

$$x^2 + px + q = 0 \quad \Rightarrow \quad x_{1,2} = -\frac{p}{2} \pm \sqrt{\left(\frac{p}{2}\right)^2 - q}$$

24.2 Häufig benötigte Laplace-Korrespondenzen

$$1 \bullet\!\!-\!\!\circ\ \delta(t) \quad | \quad e^{-\tau s} \bullet\!\!-\!\!\circ\ \delta(t-\tau)$$

$$\frac{1}{s} \bullet\!\!-\!\!\circ\ \sigma(t) \quad | \quad \frac{e^{-\tau s}}{s} \bullet\!\!-\!\!\circ\ \sigma(t-\tau)$$

$$\frac{1}{s^2} \bullet\!\!-\!\!\circ\ t \quad | \quad \frac{e^{-\tau s}}{s^2} \bullet\!\!-\!\!\circ\ \sigma(t-\tau)\cdot(t-\tau)$$

$$\frac{1}{s+k} \bullet\!\!-\!\!\circ\ e^{-kt} \quad | \quad \frac{1}{s(s+k)} \bullet\!\!-\!\!\circ\ \frac{1}{k}\left(1-e^{-kt}\right)$$

$$\frac{s}{(s+k)^2} \bullet\!\!-\!\!\circ\ e^{-kt}\,(1-kt) \quad | \quad \frac{1}{(s+k)^2} \bullet\!\!-\!\!\circ\ t\cdot e^{-kt}$$

$$\frac{1}{s^2(s+k)} \bullet\!\!-\!\!\circ\ \frac{1}{k^2}\left[e^{-kt} + kt - 1)\right]$$

$$\frac{1}{s(s+k)^2} \bullet\!\!-\!\!\circ\ \frac{1}{k^2}\left[1 - e^{-kt}\,(kt+1)\right]$$

$$\frac{1}{s(s+k)^n} \quad \bullet\!\!-\!\!\!-\!\!\circ \quad \frac{1}{k^n}\left(1-e^{-kt}\cdot\sum_{i=0}^{n-1}\frac{(kt)^i}{i!}\right)$$

$$\frac{s^{n-1}}{(s+k)^n} \quad \bullet\!\!-\!\!\!-\!\!\circ \quad \text{siehe Kapitel 10.3}$$

$$\frac{1}{s^2+2k_1s+{k_2}^2} \quad \bullet\!\!-\!\!\!-\!\!\circ \quad \frac{1}{k_3}\,e^{-k_1t}\,sin(k_3t)$$

$$\text{mit:} \quad {k_3}^2={k_2}^2-{k_1}^2>0$$

$$\frac{s}{s^2+2k_1s+{k_2}^2} \quad \bullet\!\!-\!\!\!-\!\!\circ \quad e^{-k_1t}\left\{cos(k_3t)-\frac{k_1}{k_3}sin(k_3t)\right\}$$

$$\text{mit:} \quad {k_3}^2={k_2}^2-{k_1}^2>0$$

$$\frac{1}{s\left(s^2+2k_1s+{k_2}^2\right)} \quad \bullet\!\!-\!\!\!-\!\!\circ \quad \frac{1}{{k_2}^2}\left[1-e^{-k_1t}\left\{\frac{k_1}{k_3}sin(k_3t)+cos(k_3t)\right\}\right]$$

$$\text{mit:} \quad {k_3}^2={k_2}^2-{k_1}^2>0$$

Bei den drei letzten Korrespondenzen ist ggf. folgendes auszutauschen:

$$\text{bei:} \quad {k_3}^2={k_1}^2-{k_2}^2>0 \quad \Rightarrow \quad sin\rightarrow sinh \quad \text{und} \quad cos\rightarrow cosh$$

(Eine Vielzahl weiterer Korrespondenzen findet man in [Bro, Web].)

Allgemeine Transformationsvorschrift

$$f(t) \quad \circ\!\!-\!\!\!-\!\!\bullet \quad \mathscr{L}\{f(t)\} = \int_0^\infty f(t)\cdot e^{-st}\,dt \qquad (s=\sigma+j\omega)$$

24.3 Kenngrößen einiger OPV

Kenngröße	Einheit	μA 741	LF 356	LF 357	LM 324	LM 318	OP 37	LT 1028
f_T	MHz	1	5	20	1,3	15	40	75
V_0	10^5	2	2	2	1	2	18	70
V_0	dB	106	106	106	100	106	125	140
f_P	kHz	6	160	660	5	900	200	180
S_R	$V/\mu s$	0,5	12	50	0,45	70	17	15
$\|U_{offset}\|$	mV	1	1	1	2	4	0,02	0,015
$\|I_{e,Ruhe}\|$	nA	10	0,03	0,03	0,05	150	10	15
$\|Z_e\|$	$M\Omega$	2	10^6	10^6		3	3000	
$\|Z_a\|$	Ω		45	45		70	70	
U_{Rausch}	$nV/\sqrt{Hz}$		15	15		12	3	0,9
I_{Rausch}	$pA/\sqrt{Hz}$		0,01	0,01			0,6	1
Typ	—	univ.	FET	FET	4 Stk.	schnell	schnell	schnell
kompens.	—	ja	ja	nein	ja	ja	nein	nein

Tabelle 24.1: Gebräuchliche OPV mit ihren Kenngrößen

Literatur

[Bro] I. N. Bronstein, K. A. Semendjajew, *Taschenbuch der Mathematik*, Teubner Verlagsgesellschaft Stuttgart/Leipzig, 25. Auflage 1991

[Com] K. Comes, Der Elektroniker Nr. 10/1990, S. 32

[Dör] Dörrscheidt/Latzel, *Grundlagen der Reglungstechnik*, Teubner-Verlag Stuttgart, 2. Auflage 1993

[Dos] J. Dostál, *Operationsverstärker*, VEB Verlag Technik Berlin, 2. Auflage 1989

[Els] H. Elschner, *Grundlagen der Elektrotechnik/Elektronik*, Verlag Technik GmbH Berlin, 1992

[Leo] W. Leonhard, *Digitale Signalverarbeitung in der Meß- und Regelungstechnik*, Teubner-Verlag Stuttgart, 2. Auflage 1989

[Lin] H. Lindner, H. Brauer, C. Lehmann, *Taschenbuch der Elektrotechnik u. Elektronik*, Harri-Deutsch-Verlag Frankfurt, 3. Auflage 1989

[Mös] Möschwitzer/Lunze, *Halbleiterelektronik*, Hüthig-Verlag Heidelberg, 8. Auflage 1988

[Roh] K.-H. Rohe, *Elektronik für Physiker*, Teubner-Verlag Stuttgart, 3. Auflage 1987

[Tie] U. Tietze, C. Schenk, *Halbleiter-Schaltungstechnik*, Springer-Verlag Berlin, 9. Auflage 1991

[Vah1] H. Vahldiek, *Übertragungsfunktionen*, Oldenbourg-Verlag München, 1973

[Vah2] H. Vahldiek, *Aktive RC-Filter*, Oldenbourg-Verlag München, 1972

[Vas] P. Vaske, *Übertragungsverhalten elektrischer Netzwerke*, Teubner-Verlag Stuttgart, 4. Auflage 1990

[Wan] L. v. Wangenheim, *Aktive Filter in RC- und SC-Technik*, Hüthig-Verlag Heidelberg, 1991

[Web] H. Weber, *Laplace-Transformation*, Teubner-Verlag Stuttgart, 6. Auflage 1990

[Wes] P. Westphal, *Fotodioden-Schaltungen optimal dimensionieren*, Elektronik, 14/1996, S. 100-103

Index